MIX
Papier aus verantwortungsvollen Quellen
Paper from responsible sources
FSC® C105338

Roland Krebs

Konzipierung eines alternativen Designs für einen Hochvolt-Operationsverstärker

Die Eignung von Galliumnitrid-basierten Transistoren für den Aufbau eines Hochleistungs-Operationsverstärkers

Diplomica Verlag GmbH

Krebs, Roland: Konzipierung eines alternativen Designs für einen Hochvolt-Operationsverstärker: Die Eignung von Galliumnitrid-basierten Transistoren für den Aufbau eines Hochleistungs-Operationsverstärkers.
Hamburg, Diplomica Verlag GmbH 2013

Buch-ISBN: 978-3-8428-9985-8
PDF-eBook-ISBN: 978-3-8428-4985-3
Druck/Herstellung: Diplomica® Verlag GmbH, Hamburg, 2013

Bibliografische Information der Deutschen Nationalbibliothek:
Die Deutsche Nationalbibliothek verzeichnet diese Publikation in der Deutschen Nationalbibliografie; detaillierte bibliografische Daten sind im Internet über http://dnb.d-nb.de abrufbar.

Hermannstal 119k, 22119 Hamburg
http://www.diplomica-verlag.de, Hamburg 2013
Printed in Germany

Inhaltsverzeichnis

1 Einleitung

Operationsverstärker (OPV) sind eine wichtige Gruppe unter den integrierten Schaltungen. Während sie früher vorwiegend zur Durchführung von Rechnungen (daher der Name) benutzt wurden, werden sie heutzutage in allen Bereichen der Elektronik eingesetzt.

Die Geschichte der Operationsverstärker geht bis in die 30er Jahre des vergangenen Jahrhunderts zurück, als die ersten Differenzverstärker mit Hilfe von Elektronenröhren aufgebaut wurden. Nach dem Zweiten Weltkrieg verlief die Entwicklung hin zu fertigen Modulen zunächst noch auf Röhrenbasis. Ende der 1950er Jahre konnten unter Verwendung von damals verfügbaren diskreten Germanium-Transistoren erheblich kleinere und energiesparendere Module entwickelt werden. Eine weitere Verkleinerung wurde durch die hybride Integration der Transistoren zusammen mit anderen Bauelementen auf Keramiksubstraten erreicht.

Nur wenige Jahre später ermöglichte die Silizium-Technologie die Herstellung von ersten integrierten Schaltkreisen und damit die Fertigung eines kompletten Operationsverstärkers als Modul. So wurden schließlich bei Fairchild Semiconductors zunächst 1962 der Typ μA702, 1965 der Typ μA709 und 1968 der verbesserte Nachfolgetyp μA741 entwickelt.

Erst ab der Mitte der 70er des vergangenen Jahrhunderts konnten die Typen 709 und 741 monolithisch integriert auf einem einzigen Chip aufgebaut werden. Der Typ 741 ist der wohl bekannteste Operationsverstärker überhaupt und wird auch heute noch von verschiedenen Firmen in weiter verbesserten Versionen produziert. [Jun02]

Operationsverstärker besitzen eine große Bandbreite von möglichen Anwendungen, wie z.B. in Analogfiltern, Analog-Digital-Konvertern, in verschiedenen Verstärkerstufen, z.B. in Vorverstärkern und in Stufen zur analogen Signalverarbeitung. Ausgehend vom Integrator bzw. Differenzierer als einfache Filter erster Ordnung lassen sich mit Operationsverstärkern sowohl analoge Filter höherer Ordnung, als auch spezielle Filter wie z.B. Allpassfilter aufbauen. Außerdem lassen sich mit Operationsverstärkern Impedanzkonverter zur Realisierung großer Induktivitäten ohne die diversen Nachteile von Spulen aufbauen.

Bei Anwendungen von Operationsverstärkern in der Steuer- und Regeltechnik sind häufig höhere Ausgangsströme erforderlich, um beispielsweise ein Steuerventil oder einen Motor zu steuern. Ebenso werden bei Niederfrequenz (NF) -Anwendungen, bei denen die Vorteile des Differenzverstärkerprinzips und der galvanischen Kopplung vorteilhaft bei Endstufenkonfigurationen genutzt werden, hohe Ausgangsströme bzw. Ausgangsleistungen gefordert.

Die für diese Anwendungen erforderlichen erhöhten Ausgangsströme können beispielsweise durch Hinzufügen zusätzlicher Leistungsendstufen zu konventionellen Operationsverstärkerschaltungen nach Art des μA741 realisiert werden. Eine weitere Möglichkeit ist der Entwurf völlig neuer Schaltungen, meist unter Verwendung von Feldeffekttransistoren anstelle von Bipolartransistoren und aufwendigen Schutzschaltungen. Solche Operationsverstärker werden beispielsweise von der Firma APEX angeboten. Sie sind relativ komplex aufgebaut und haben einen Stückpreis, der typischerweise etwa um den Faktor 100 über demjenigen konventioneller Operationsverstärker liegt. Außerdem haben solche Bauteile häufig Limitierungen im Hochfrequenzverhalten.

Um den Nachteilen dieses Ansatzes der kommerziell erhältlichen Leistungsoperationsverstärker entgegenzuwirken, soll im Rahmen dieser Studie ein völlig neuer Ansatz untersucht werden, nämlich die Verwendung von Galliumnitrid (GaN)-basierten Bauteilen für den Aufbau von Operationsverstärkern. Das GaN-Materialsystem bietet aufgrund der großen Bandlücke gegenüber Silizium als Standardmaterial zur Herstellung von Operationsverstärkern die folgenden Vorteile:

- Hohe Ausgangs- und Versorgungsspannung

- Hoher Ausgangsstrom
- Hohe Bandbreite
- Hohe Betriebstemperatur
- Hohe Robustheit gegenüber Spannungs- und Stromspitzen

In dieser Studie soll zur Untersuchung des Potentials von GaN-basierten Bauelementen in Operationsverstärkern in einem ersten Schritt eine dreistufige hybride Schaltung bestehend aus

- Differenzverstärker
- Treiberstufe
- Endstufe

konzipiert, realisiert und messtechnisch untersucht werden. Die ersten beiden Stufen bestehen dabei aus herkömmlichen Si-basierten Bauelementen, während in der Endstufe GaN-basierte Bauteile eingesetzt werden sollen.

Dazu soll zunächst auf die theoretischen Grundlagen der Operationsverstärker sowie auf die Eigenschaften des GaN-Materialsystems eingegangen werden. Danach soll der aktuelle Stand der Technik auf dem Gebiet der Operationsverstärker, und im Speziellen der Leistungsoperationsverstärker vorgestellt werden.

Im Hauptteil dieser Studie wird der Weg zur Konzipierung der Schaltung inklusive der Simulationsergebnisse zu den einzelnen Schritten beschrieben. Danach werden die Umsetzung des Konzepts auf einer Leiterplatte und die Ergebnisse der Charakterisierung der Schaltung vorgestellt.

Abschließend erfolgt eine Zusammenfassung und ein Ausblick auf mögliche Folgearbeiten.

2 Theoretische Grundlagen

2.1 Operationsverstärker

2.1.1 Allgemeine Grundlagen

Ein Operationsverstärker ist ein mehrstufiger Gleichspannungsverstärker, der die Differenz der an seinen beiden Eingängen, dem invertierenden und dem nichtinvertierenden Eingang, anliegenden Spannungen verstärkt. Der Ausdruck „Gleichspannung" deutet dabei lediglich an, dass es auch möglich ist, Eingangssignale mit einer Frequenz von 0 Hz zu verstärken.

Operationsverstärker beinhalten in der Regel die folgenden Funktionsstufen:

1. Differenzverstärker als Eingang mit hohem Eingangswiderstand
2. Verstärkerzwischenstufe mit hoher Verstärkung und Frequenzkompensation
3. Ausgangsstufe mit hohen Ausgangsspannungen bzw. Ausgangsströmen bei niedrigem Ausgangswiderstand

Der Eingangsdifferenzverstärker hat dabei die Aufgabe, Rückkopplungen aller Art durch zwei Eingangsklemmen zu ermöglichen und bei hohem Eingangswiderstand und hoher Verstärkung eine hohe Nullpunktstabilität zu gewährleisten. Driftarme Operationsverstärker werden häufig mit Differenzverstärkerstufen hergestellt, deren gemeinsamer Emitterwiderstand durch Konstantstromquellen ersetzt sind.

Die darauffolgende Verstärkerzwischensstufe ist dann durch besondere Schaltungsmaßnahmen auf hohe Verstärkung ausgelegt, während die Ausgangsstufe meist als Komplementär-Endstufe zur Leistungsverstärkung bzw. als Ausgangsstromlieferant bei niedrigstem Ausgangswiderstand konzipiert ist. [Wir84]

Operationsverstärker werden üblicherweise in Gegenkopplung betrieben. Um dies zu ermöglichen, werden Operationsverstärker als gleichspannungsgekoppelte Verstärker mit hoher Verstärkung ausgeführt. Damit keine zusätzlichen Maßnahmen zur Arbeitspunkteinstellung erforderlich werden, muss das Eingangs- und Ausgangsruhepotential 0 V betragen. Deshalb sind in der Regel zwei Betriebsspannungsquellen erforderlich: eine positive und eine negative. Allerdings werden heute auch viele Operationsverstärker mit einer Betriebsspannung und virtueller Masse betrieben. [TiS02]

In Abb. 2.1 ist links das Schaltungssymbol eines Operationsverstärkers mit dem invertierenden (V_-) und nichtinvertierenden Eingang (V_+) sowie den Anschlüssen für die negative (V_{S-}, auch: V_{SS}) und positive (V_{S+}, auch: V_{CC}) Versorgungsspannung dargestellt. Auf der rechten Seite ist beispielhaft das Schaltbild eines invertierenden Verstärkers mit am invertierenden Eingang angeschlossenem Signal und mit einem Rückkopplungszweig mit dem Widerstand R_2 dargestellt.

2.1.1.1 Typen von Operationsverstärkern

Es gibt vier unterschiedliche Typen von Operationsverstärkern, die sich u.a. durch ihre hoch- bzw. niederohmigen Ein- und Ausgänge voneinander unterscheiden. Der nichtinvertierende Eingang ist dabei bei allen Typen hochohmig. Der invertierende Eingang ist je nach Typ entweder ein hochohmiger Spannungseingang oder ein niederohmiger Stromeingang. Ebenso kann der Ausgang entweder ein niederohmiger Spannungsausgang oder ein hochohmiger Stromausgang sein.

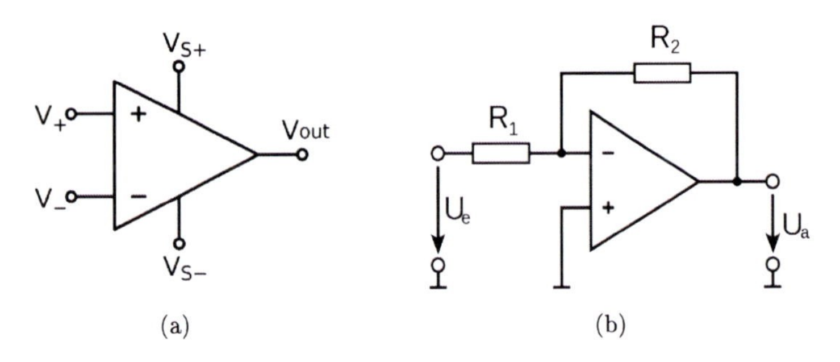

Abbildung 2.1: *(a) Schaltungssymbol eines Operationsverstärkers, (b) Schaltbild eines invertierenden Verstärkers*

	Spannungsausgang	Stromausgang
Spannungseingang	Normaler OPV VV-OPV UD, Ua $U_a = A_D U_D$	Transkonduktanzverstärker VC-OPV UD, Ia $I_a = S_D U_D$
Stromeingang	Transimpedanzverstärker CV-OPV UD, IN, Ua $U_a = I_N Z = A_D U_D$	Stromverstärker CC-OPV UD, IN, Ia $I_a = k_I I_N = S_D U_D$

Tabelle 2.1: *Die 4 verschiedenen Typen von Operationsverstärkern mit den jeweiligen Übertragungsgleichungen*

Dadurch ergeben sich insgesamt vier verschiedene Typen von Operationsverstärkern, wie sie in Tab. 2.1 zusammenfassend dargestellt sind.

Beim **normalen Operationsverstärker** (*Voltage Feedback Operational Amplifier*) sind beide Eingänge hochohmig, d.h. der invertierende Eingang ist ebenfalls hochohmig. Sein Ausgang verhält sich wie eine Spannungsquelle mit kleinem Innenwiderstand, er ist also niederohmig. Aus diesem Grund bezeichnet man den normalen Operationsverstärker auch als VV-Operationsverstärker, dabei steht das erste V (*Voltage*) für die Spannungssteuerung am (invertierenden) Eingang, das zweite V für die Spannungsquelle am Ausgang. Dieser Typ hat den größten Marktanteil und die größte Bedeutung. Die Ausgangsspannung

$$U_a = A_D U_D = A_D(U_P - U_N) \tag{2.1}$$

ist gleich der verstärkten Eingangsspannungsdifferenz; dabei ist U_P die positive Eingangsspannung, U_N die negative Eingangsspannung und A_D die Differenzverstärkung. Um die Schaltung stark gegenkoppeln zu können, sind Werte von $A_D = 10^4 \ldots 10^6$ notwendig. Die Übertragungskennlinie idealer VV-Operationsverstärker ist in Abb. 2.2 dargestellt. Die Ordinatenachse ist mit U_B für die Betriebsspannung beschriftet, da deren Betrag die erzielbare Ausgangsspannung definiert. Beim realen OPV ist diese (um einen bauteilspezifischen Betrag) kleiner als die Betriebsspannung.

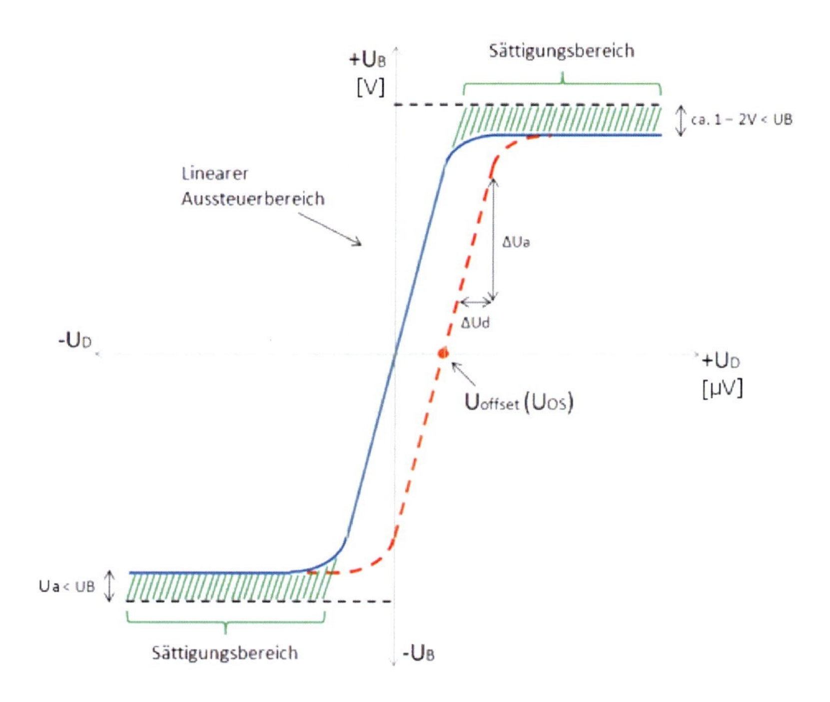

Abbildung 2.2: *Schematische Übertragungskennlinie von VV-Operationsverstärkern*

Die Differenzverstärkung errechnet sich, wie in Abb. 2.2 eingezeichnet, aus der Steigung der Kennlinie:

$$A_D = \left. \frac{dU_a}{dU_D} \right|_{AP} \tag{2.2}$$

Man sieht, dass sehr kleine Eingangsspannungen ausreichen, um den Ausgang voll auszusteuern und den OPV in den Bereich der Sättigung zu bringen. Außerdem in dem Graphen eingezeichnet ist die Eingangs-Offsetspannung, eine Eigenschaft des realen OPVs. Sie sollte möglichst gering sein, um kleinste Signale einwandfrei verstärken zu können. Die Eingangs-Offsetspannung ist die Spannung, die zwischen den beiden Eingängen des OPVs anliegen muss, damit am Ausgang des OPVs ohne Ansteuerung 0 V anliegen. Offsetspannungen von $< 50\ \mu$V … 5 mV sind realisierbar. Der eingezeichnete lineare Aussteuerbereich definiert die Ausgangsaussteuerbarkeit; dessen Überschreitung führt zur Übersteuerung.

Der **Transkonduktanzverstärker** (*Operational Transconductance Amplifier*) besitzt hochohmige Eingänge wie der normale Operationsverstärker; im Gegensatz zu diesem ist sein Ausgang jedoch ebenfalls hochohmig. Er verhält sich wie eine Stromquelle, deren Strom durch die Eingangsspannungsdifferenz U_D gesteuert wird. Es handelt sich daher um einen Operationsverstärker, dessen invertierender Eingang spannungsgesteuert ist und dessen Ausgang wie eine Stromquelle wirkt. Deshalb nennt man den Transkonduktanzverstärker, in Analogie zum VV-OPV, auch VC-Operationsverstärker. Der Ausgangsstrom

$$I_a = S_D U_D = S_D(U_P - U_N) \tag{2.3}$$

ist proportional zur Eingangsspannungsdifferenz. Die Differenzsteilheit

$$S_D = \left. \frac{dI_a}{dU_D} \right|_{AP} \tag{2.4}$$

gibt an, wie stark der Ausgangsstrom mit der Eingangsspannung ansteigt. Die Differenzsteilheit ist verwandt mit der Steilheit eines Transistors und wird aufgrund des inneren Aufbaus eines OPVs auch durch einen solchen bestimmt. Die Bezeichnung Transkonduktanzverstärker kommt daher, dass die Transkonduktanz, d.h. die Übertragungssteilheit S_D, das Verhalten dieses Verstärkers bestimmt. Die typische Übertragungskennlinie des VC-Operationsverstärkers gleicht der eines VV-OPVs, trägt man auf der Abszisse den Ausgangsstrom I_a auf (siehe Abb. 2.2); als Einheiten entlang der Ordinatenachse gelten weiterhin μV und entlang der Abszissenachse mA. Auch hier reichen sehr kleine Differenzspannungen aus, um Vollaussteuerung zu erreichen.

Bei den beiden Operationsverstärkern mit Stromeingang (s. Tab. 2.1) ist der invertierende Eingang niederohmig, also stromgesteuert. Obwohl dies auf den ersten Blick als Nachteil erscheint, ergeben sich daraus für hohe Frequenzen Vorteile, weil dadurch

- der interne Signalpfad verkürzt und die Schwingneigung reduziert wird und
- die Verstärkung des OPVs an den jeweiligen Bedarf angepasst werden kann.

Der **Transimpedanzverstärker** (*Current Feedback Amplifier*) hat einen stromgesteuerten invertierenden Eingang und eine Spannungsquelle am Ausgang; deshalb handelt es sich um einen CV-Operationsverstärker. Die Ausgangsspannung

$$U_a = A_D U_D = I_N Z \tag{2.5}$$

kann man entweder - wie beim normalen OPV - aus der Differenzverstärkung berechnen oder aus dem Eingangsstrom I_N und einer internen Impedanz Z, die im MΩ - Bereich liegt. Wegen dieser charakteristischen Impedanz Z wird der CV-OPV auch als Transimpedanz-Verstärker bezeichnet.

Der **Stromverstärker** (*Diamond Transistor*) besitzt einen stromgesteuerten Eingang wie der CV-OPV und einen stromgesteuerten Ausgang wie der VC-OPV. Deshalb handelt es sich hier um einen CC-Operationsverstärker. Das Übertragungsverhalten

$$I_a = S_D U_D = k_I I_N \tag{2.6}$$

wird durch die Steilheit bestimmt. Einfacher ist es jedoch meist, mit dem Stromübertragungsfaktor

$$k_I = \left.\frac{dI_a}{dI_N}\right|_{AP} \tag{2.7}$$

zu rechnen, der je nach Typ bei $k_I = 1 \ldots 10$ liegt. Der Stromverstärker wird auch als *Diamond Transistor* bezeichnet, weil er sich in vieler Hinsicht wie ein idealer Transistor verhält. [TiS02]

2.1.1.2 Vergleich zwischen idealem und realem Operationsverstärker

Beim vereinfachten, idealisierten Modell eines Operationsverstärkers sind die parasitären Eigenschaften vernachlässigt. Daher ist es für genaue Berechnungen von Schaltungen ungeeignet.

Beim realen Operationsverstärker sind aufgrund von physikalischen Effekten, wie z.B. den Eigenschaften des zugrunde liegenden Halbleitermaterials und der Erwärmung des Bauteils, die idealisierten Annahmen nicht zutreffend.

In Tab. 2.2 sind die Eigenschaften des idealen und typische Kennwerte des realen Operationsverstärker gegenübergestellt.

2.1.1.3 Prinzip der Gegenkopplung

Während es auch Anwendungen gibt, in denen Operationsverstärker ohne Rückkopplung (z.B. Spannungskomparatoren) oder mit positiver Rückkopplung, d.h. Mitkopplung (z.B. Schmitt-Trigger), verwendet werden, werden in der überwiegenden Zahl der Anwendungen Operationsverstärker mit negativer Rückkopplung, d.h. Gegenkopplung, eingesetzt. In diesem Abschnitt soll deshalb das Konzept der Gegenkopplung kurz vorgestellt werden.

Eigenschaft	idealer OPV	realer OPV	Einheit
Leerlaufdifferentialverstärkung	∞	10^6	
Differenzeingangswiderstand	∞	$\leq 2 \cdot 10^6$	Ω
Ausgangswiderstand	0	≤ 100	Ω
Bandbreite	∞	≤ 500	MHz
Eingangsoffsetspannung	0	$\leq 0,5$	mV
Eingangsruhestrom	0	≤ 500	nA
Eingangsoffsetstrom	0	≤ 100	nA
Rauschen	0	≤ 10	$\frac{nV}{\sqrt{Hz}}$
Gleichtaktunterdrückung	∞	≤ 120	dB
Anstiegsgeschwindigkeit (*Slew-Rate*)	∞	≤ 3000	$\frac{V}{\mu s}$

Tabelle 2.2: *Vergleich der Eigenschaften des idealen mit denen des realen Operationsverstärkers*

Negative Rückkopplung bzw. Gegenkopplung bedeutet, dass ein Teil der Ausgangsgröße U_a so auf den Eingang zurückgeführt wird, dass er dem Eingangssignal U_e entgegenwirkt (s. Abb. 2.3). Auf diese Art und Weise kann in vielerlei Systemen Wachstum, im vorliegenden Fall von Strom und Spannung, beschränkt und stabilisiert werden. Durch Gegenkopplung können bei Verstärkern Verzerrungen verringert werden.

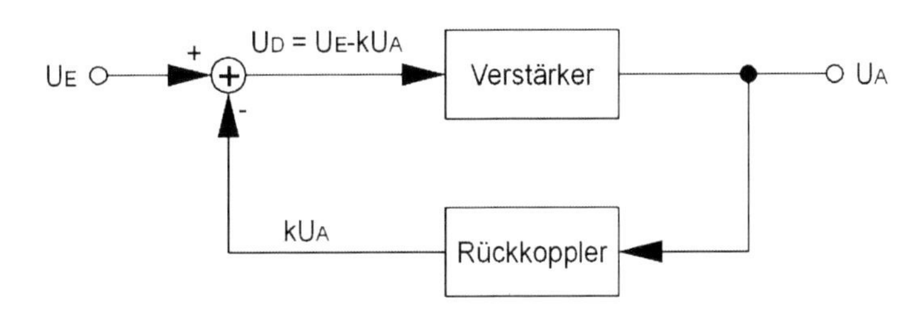

Abbildung 2.3: *Prinzip der Gegenkopplung*

Operationsverstärker werden im Allgemeinen so konstruiert, dass die technischen Daten einer Gesamtschaltung fast ausschließlich durch die äußere Beschaltung definiert werden können. Aus diesem Grund lassen sich ihre Eigenschaften besonders einfach und übersichtlich beschreiben.

Für einen **nichtinvertierenden Verstärker** (s. Abb. 2.4 (a)), bei dem sich die Ausgangsspannung in der gleichen Richtung wie die Eingangsspannung verändert, lässt sich die Ausgangsspannung als Funktion der Eingangsspannung und des Rückkopplungsnetzwerks und unter der Voraussetzung idealer Eigenschaften wie folgt berechnen:

$$U_a = A_D(U_+ - U_-) \tag{2.8}$$

In dieser Schaltung ist U_- eine Funktion von U_a aufgrund der negativen Rückkopplung über das R_1R_2-Netzwerk. R_1 und R_2 bilden einen Spannungsteiler, und da U_- ein Eingang mit hoher Impedanz ist, bildet es nur eine vernachlässigbare Last. Daher wird

$$U_- = \alpha U_a, \quad \alpha = \frac{R_1}{R_1 + R_2} \tag{2.9}$$

Wenn man dies in Gleichung (2.8) substituiert, dann erhält man:

$$U_a = A_D(U_e - \alpha \cdot U_a) \tag{2.10}$$

Nach U_a aufgelöst ergibt sich

$$U_a = U_e \left(\frac{1}{\alpha + \frac{1}{A_D}} \right) \tag{2.11}$$

Unter der Annahme, dass A_D sehr groß ist, vereinfacht sich Gleichung (2.11) zu

$$U_a \approx \frac{U_e}{\alpha} = \frac{U_e}{\frac{R_1}{R_1+R_2}} = U_e\left(1+\frac{R_2}{R_1}\right) \tag{2.12}$$

Für die Verstärkung ergibt sich mit $A = \frac{U_a}{U_e}$:

$$A = \frac{U_a}{U_e} = 1 + \frac{R_2}{R_1} \tag{2.13}$$

Beim Schaltungsdesign muss man hierbei beachten, dass der nichtinvertierende Eingang - gegebenenfalls über einen Widerstand - an Masse angeschlossen werden muss. Auf jeden Fall ist der ideale Wert für die Rückkopplungswiderstände, um eine minimale Offsetspannung zu erreichen, so zu wählen, dass die zwei parallel geschalteten Widerstände in etwa dem Widerstand zu Masse am nichtinvertierenden Eingang entsprechen.

Für einen **invertierenden Verstärker** (s. Abb. 2.4 (b)), bei dem sich die Ausgangsspannung gegensinnig zur Eingangsspannung verändert, sieht die Berechnung der Ausgangsspannung und damit der Verstärkung wie folgt aus:

$$U_a = A_D(U_+ - U_-) \tag{2.14}$$

In diesem Fall ist U_- eine Funktion sowohl von U_a und U_e aufgrund des von R_e und R_f gebildeten Spannungsteilers. Auch hier stellt der Operationsverstärkereingang nur eine vernachlässigbare Last dar, so dass

$$U_- = \frac{1}{R_f + R_e}(R_f U_e + R_e U_a) \tag{2.15}$$

Substituiert man dies in Gleichung (2.14) und löst nach U_a auf, dann erhält man:

$$U_a = -U_e \cdot \frac{A_D R_f}{R_f + R_e + A_D R_e} \tag{2.16}$$

Unter der Voraussetzung, dass A_D sehr groß ist, kann man (2.16) wie folgt vereinfachen:

$$U_a \approx -U_e \frac{R_f}{R_e} \tag{2.17}$$

Daraus ergibt sich für die Verstärkung:

$$A = \frac{U_a}{U_e} = -\frac{R_f}{R_e} \tag{2.18}$$

Dabei signalisiert das negative Vorzeichen der (Spannungs-)Verstärkung die Phasenverschiebung des Ausgangssignals um 180° gegenüber dem Eingangssignal.

Beim Schaltungsdesign fügt man oft einen Widerstand zwischen dem nichtinvertierenden Eingang und Masse ein, damit beide Eingänge ähnliche Widerstände „sehen". Damit kann man die Eingangs-Offsetspannung aufgrund von unterschiedlichen Spannungsabfällen und evtl. auch Verzerrung vermeiden bzw. reduzieren.

Wenn eine Frequenzantwort bei niedrigen Frequenzen bis zur Gleichspannung nicht benötigt wird und Gleichspannung am OPV-Eingang nicht erwünscht ist, kann man einen Kondensator in Reihe mit dem Eingangswiderstand einfügen. Dadurch wird der Schaltung ein Bandpass- oder Hochpassverhalten aufgeprägt.

Die Potentiale an den OPV-Eingängen bleiben in dieser Konfiguration praktisch konstant (nahe Masse). Daraus ergibt sich ein Vorteil des invertierenden Verstärkers: Die auftretenden Verzerrungen sind niedriger als bei nichtinvertierenden Verstärkern. [TiS02]

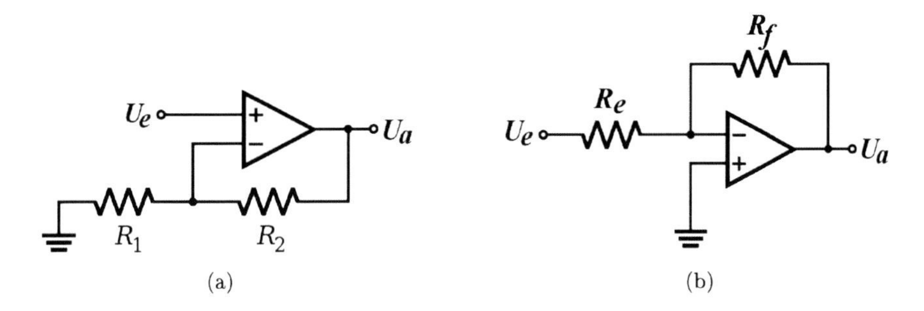

Abbildung 2.4: *(a) Schaltbild eines nichtinvertierenden Verstärkers, (b) Schaltbild eines invertierenden Verstärkers*

2.1.2 Kenngrößen von Operationsverstärkern

In diesem Abschnitt sollen die wichtigsten Kenngrößen von Operationsverstärkern (*Figures of Merit*) vorgestellt werden. Dabei soll auch kurz auf die jeweiligen theoretischen Grundlagen eingegangen werden.

2.1.2.1 Betriebsspannung und Ausgangsspannung

Die maximale Ausgangsspannung eines OPVs nennt man Aussteuergrenze. Diese entspricht theoretisch der Betriebsspannung. In der Praxis liegt sie aber betragsmäßig typischerweise um etwa 1 V unter der idealen Aussteuergrenze. Ursache dafür sind u.a. interne Spannungsabfälle in den Ausgangsstufen des OPVs durch Kollektor-Emitter-Spannungen der Transistoren und Stromerfassungsshunts für die Strombegrenzung. [Fed10]

Die maximale Betriebsspannung wiederum wird begrenzt durch die Durchbruchsspannung der im OPV verwendeten Transistoren. Das Verhalten von **Bipolartransistoren** kann durch eine Ersatzschaltung mit zwei Dioden angenähert werden, der Basis-Emitter-Diode und der Basis-Kollektor-Diode. Die beiden Dioden sind in Abb. 2.5 eingezeichnet.

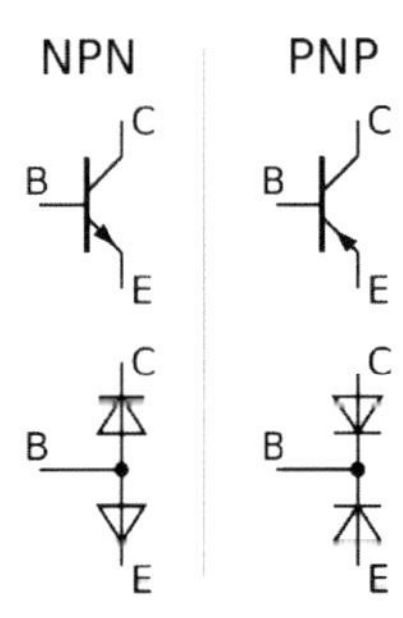

Abbildung 2.5: *Schaltzeichen (oben) und Dioden-Ersatzschaltbild (unten) für npn- und pnp-Bipolartransistoren*

Bei der **Emitter-Basis-Durchbruchsspannung** $U_{(BR)EBO}$ bricht die Emitter-Diode im Sperrbetrieb durch. Der Zusatz (BR) bedeutet Durchbruch (*breakdown*); der Index O gibt an, dass der dritte Anschluss, hier der Kollektor, offen (*open*) ist. Für fast alle Transistoren gilt $U_{(BR)EBO} \approx 5 \dots 7$ V; damit ist $U_{(BR)EBO}$ die kleinste Grenzspannung. Da ein Transistor selten mit negativen Basis-Emitter-Spannungen betrieben wird, ist sie von untergeordneter Bedeutung.

Bei der **Kollektor-Basis-Durchbruchsspannung** $U_{(BR)CBO}$ bricht die Kollektor-Diode im Sperrbetrieb durch. Da im Normalbetrieb die Kollektor-Diode gesperrt ist, ist durch $U_{(BR)CBO}$ eine für die Praxis wichtige Obergrenze für die Kollektor-Basis-Spannung gegeben. Bei Niederspannungstransistoren sind Werte von $20 \dots 80$ V üblich, bei Hochspannungstransistoren erreicht

$U_{(BR)CBO}$ Werte bis zu 1300 V. $U_{(BR)CBO}$ ist die größte Grenzspannung eines Transistors.

Besonders wichtig für die praktische Anwendung ist die maximal zulässige **Kollektor-Emitter-Spannung** U_{CE}.

Einen Überblick gibt das Ausgangskennlinienfeld in Abb. 2.6. Bei einer bestimmten Kollektor-Emitter-Spannung tritt ein Durchbruch auf, der ein starkes Ansteigen des Kollektorstroms zur Folge hat und in den meisten Fällen zur Zerstörung des Transistors führt.

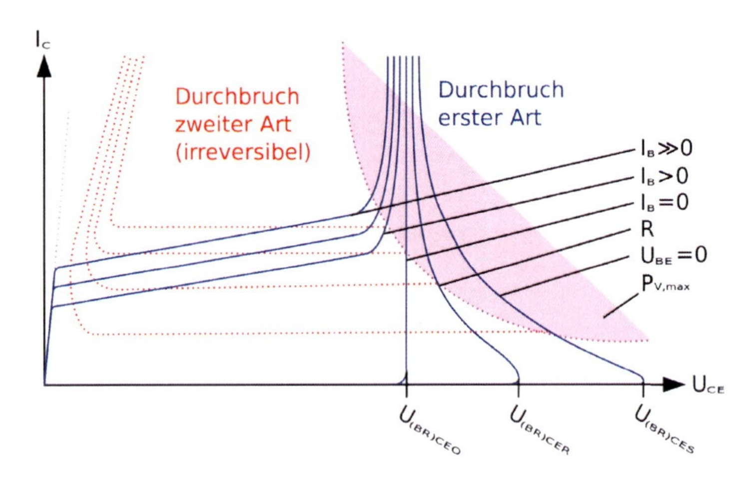

Abbildung 2.6: *Ausgangskennlinienfeld mit den Durchbruchskennlinien eines npn-Transistors (nach [TiS02])*

Die in Abb. 2.6 gezeigten Durchbruchskennlinien werden messtechnisch für verschiedene Beschaltungen der Basis aufgenommen. Bei der Aufnahme der Kennlinie „$I_B > 0$" wird mit einer Stromquelle ein positiver Basisstrom eingeprägt. Im Bereich der Kollektor-Emitter-Durchbruchsspannung $U_{(BR)CE}$ steigt der Strom stark an, und die Kennlinie geht näherungsweise in eine Vertikale über. Die Spannung $U_{(BR)CEO}$ ist die Kollektor-Emitter-Spannung, bei der trotz offener Basis, d.h. $I_B = 0$, der Kollektorstrom aufgrund des Durchbruchs einen bestimmten Wert überschreitet. Zur Bestimmung von $U_{(BR)CEO}$ wird die Kennlinie „$I_B = 0$" verwendet, die bei $U_{(BR)CEO}$ näherungsweise in eine Vertikale übergeht. Bei der Aufnahme der Kennlinie „R" wird ein Widerstand zwischen Basis und Emitter geschaltet; dadurch erhöht sich die Durchbruchsspannung auf $U_{(BR)CER}$. Der bei Durchbruch auftretende Stromanstieg hat in diesem Fall ein Absinken der Kollektor-Emitter-Spannung von $U_{(BR)CE}$ auf etwa $U_{(BR)CEO}$ zur Folge, so dass ein Kennlinienast mit negativer Steigung entsteht. Der Basisstrom I_B ist dabei negativ. Dasselbe Verhalten zeigt die Kennlinie „$U_{BE} = 0$", die mit kurzgeschlossener Basis-Emitter-Strecke aufgenommen wird. Die dabei auftretende Durchbruchsspannung $U_{(BR)CES}$ ist die größte der angegebenen Kollektor-Emitter-Durchbruchsspannungen. Der Index S gibt an, dass die Basis kurzgeschlossen (*shorted*) ist.

Es gilt allgemein für npn-Transistoren ($U_{BR} > 0$ V):

$$U_{(BR)CEO} < U_{(BR)CER} < U_{(BR)CES} < U_{(BR)CBO} \tag{2.19}$$

und umgekehrt für pnp-Transistoren ($U_{BR} < 0$ V):

$$U_{(BR)CEO} > U_{(BR)CER} > U_{(BR)CES} > U_{(BR)CBO} \tag{2.20}$$

Neben dem bisher beschriebenen normalen Durchbruch oder Durchbruch 1. Art gibt es noch den zweiten Durchbruch oder Durchbruch 2. Art (*secondary breakdown*), bei dem durch eine inhomogene Stromverteilung (Einschnürung) eine lokale Übertemperatur auftritt, die zu einem lokalen Schmelzen und damit zur Zerstörung des Transistors führt.

Die Kennlinien des zweiten Durchbruchs sind in Abb. 2.6 gestrichelt dargestellt. Es findet zunächst ein normaler Durchbruch statt, in dessen Verlauf die Einschnürung auftritt. Der zweite Durchbruch ist durch einen Einbruch der Kollektor-Emitter-Spannung gekennzeichnet, auf die ein starker Stromanstieg folgt. Er tritt bei Leistungs- und Hochspannungstransistoren bei hohen Kollektor-Emitter-Spannungen auf. Bei Kleinleistungstransistoren für den Niederspannungsbereich ist er selten; hier kommt es gewöhnlich zu einem normalen Durchbruch, der bei geeigneter Strombegrenzung nicht zu einer Zerstörung des Transistors führt.

Die Kennlinien des Durchbruchs 2. Art lassen sich nicht statisch messen, da es sich um einen irreversiblen, dynamischen Vorgang handelt. Die Kennlinien des normalen Durchbruchs können dagegen statisch, z.B. mit einem Kennlinienschreiber, gemessen werden, sofern die Ströme begrenzt werden, die Messung so kurz ist, dass keine Überhitzung auftritt, und der Bereich des Durchbruchs 2. Art vermieden wird.

Bei **Feldeffekttransistoren** ist die Situation etwas anders. Daher erfolgt für diese Klasse von Transistoren eine gesonderte Darstellung. Die folgende Abbildung zeigt exemplarich die Schaltsymbole für die verschiedenen Grundtypen von MOSFETs.

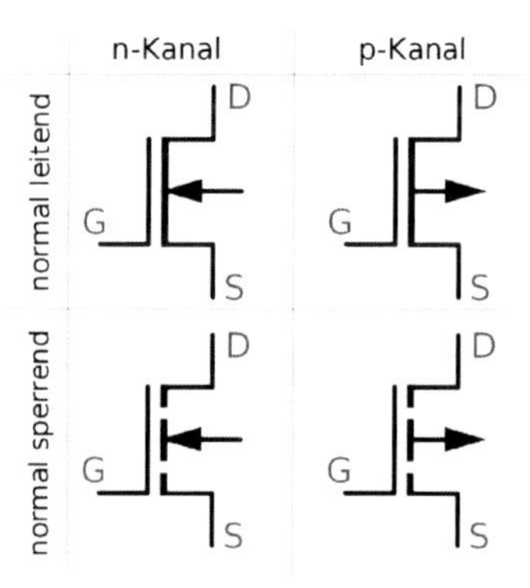

Abbildung 2.7: *Schaltsymbole für die Grundtypen des MOSFETs*

Bei der **Gate-Source-Durchbruchsspannung** $U_{(BR)GS}$ bricht das Gate-Oxid eines MOSFETs auf der Source-Seite durch, bei der **Drain-Gate-Durchbruchsspannung** $U_{(BR)DG}$ auf der Drain-Seite. Dieser Durchbruch ist nicht reversibel und führt zu einer Zerstörung des Bauteils, wenn keine Z-Dioden zum Schutz vorhanden sind. Deshalb müssen Einzel-MOSFETs ohne Z-Dioden vor statischer Aufladung geschützt werden und dürfen erst nach erfolgtem Potentialausgleich angefasst werden.

Der **Gate-Source-Durchbruch** ist symmetrisch. d.h. unabhängig von der Polarität der Gate-Source-Spannung; deshalb findet man in Datenblättern eine Plus-Minus-Angabe, z.B. $U_{(BR)} = +20V$, oder es ist der Betrag der Durchbruchsspannung angegeben. Typische Werte sind $|U_{(BR)GS}| \approx 10 \ldots 20$ V bei MOSFETs in integrierten Schaltungen und $|U_{(BR)GS}| \approx 10 \ldots 40$ V bei Einzeltransistoren.

Bei symmetrisch aufgebauten MOSFETs ist das Drain-Gebiet genauso aufgebaut wie das Source-Gebiet und es gilt $|U_{(BR)DG}| = |U_{(BR)GS}|$. Dies ist vor allem bei MOSFETs in integrierten Schaltungen der Fall. Bei asymmetrisch aufgebauten MOSFETs ist $|U_{(BR)DG}| \gg |U_{(BR)GS}|$. da hier ein Großteil der Spannung über einer schwach dotierten Schicht zwischen Kanal und Drainanschluss abfällt. In Datenblättern wird diese Spannung mit $U_{(BR)DGR}$ oder U_{DGR} bezeichnet, weil die Messung mit einem Widerstand R zwischen Gate und Source durchgeführt wird; der Wert des Widerstands ist dabei angegeben. Da in diesem Fall die Sperrschicht zwischen dem Substrat und dem schwach dotierten Teil des Drain-Gebiets durchbricht, tritt gleichzeitig auch ein Drain-Source-Durchbruch auf; deshalb wird für $U_{(BR)DG}$ meist derselbe Wert wie für die im folgenden beschriebene Drain-Source-Durchbruchsspannung angegeben.

Beim Sperrschicht-FET ist $U_{(BR)GSS}$ die Durchbruchsspannung der Gate-Kanal-Diode; sie

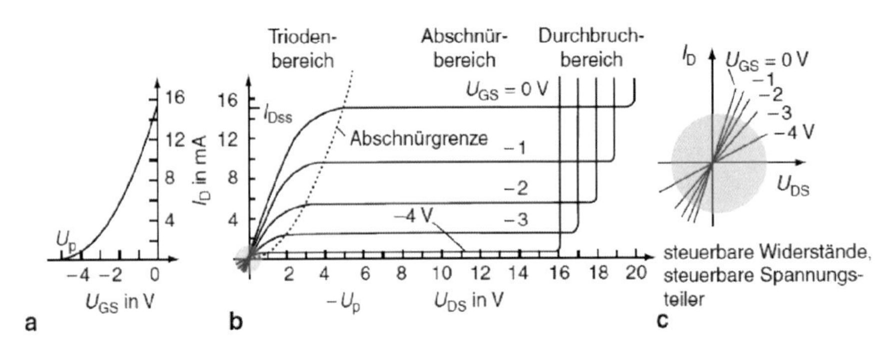

Abbildung 2.8: *Ausgangskennlinienfeld eines FETs (aus [Her12])*

wird bei kurzgeschlossener Drain-Source-Strecke, d.h. $U_{DS} = 0$, gemessen und ist bei n-Kanal-Sperrschicht-FETs negativ, bei p-Kanal-Sperrschicht-FETs positiv. Typisch sind $U_{(BR)GSS} \approx -50 \cdots - 20$ V bei n-Kanal-FETs. Zusätzlich werden die Durchbruchsspannungen $U_{(BR)GSO}$ und $U_{(BR)GDO}$ auf der Source- bzw. Drain-Seite angegeben; der Index O weist darauf hin, dass der dritte Anschluss offen (*open*) ist. Die Spannungen sind normalerweise gleich: $U_{(BR)GSS} = U_{(BR)GSO} = U_{GDO}$. Da beim Sperrschicht-FET U_{GS} und U_{DS} unterschiedliche Polarität haben, ist $U_{GD} = U_{GS} - U_{DS}$ die betragsmäßig größte Spannung und damit $U_{(BR)GDO}$ für die Praxis besonders wichtig. Im Gegensatz zum MOSFET führt der Durchbruch beim Sperrschicht-FET nicht zu einer Zerstörung des Bauteils, solange der Strom begrenzt wird und keine Überhitzung auftritt.

Bei der **Drain-Source-Durchbruchsspannung** $U_{(BR)DSS}$ bricht die Sperrschicht zwischen dem Drain-Gebiet und dem Substrat eines MOSFETs durch; dadurch fließt ein Strom vom Drain-Gebiet in das Substrat und von dort über den in Flussrichtung betriebenen pn-Übergang zwischen Substrat und Source oder über die bei Einzeltransistoren vorhandene Verbindung zwischen Substrat und Source. Der Durchbruch setzt vor allem bei größeren Strömen langsam ein und ist reversibel, solange der Strom begrenzt wird und keine Überhitzung auftritt. Bei selbstsperrenden n-Kanal-MOSFETs wird $U_{(BR)DSS}$ bei kurzgeschlossener Gate-Source-Strecke, d.h. $U_{GS} = 0$ gemessen; der zusätzliche Index S bedeutet kurzgeschlossen (*shorted*). Bei selbstleitenden n-Kanal-MOSFETs wird eine negative Spannung $U_{GS} < U_{th}$ angelegt, damit der Transistor sperrt. Die zugehörige Drain-Source-Durchbruchspannung wird ebenfalls mit $U_{(BR)DSS}$ bezeichnet; der Index S bedeutet dabei Kleinsignal-Kurzschluss, d.h. Ansteuerung des Gates mit einer Spannungsquelle mit vernachlässigbar geringem Innenwiderstand. Die Werte reichen von $U_{(BR)DSS} \approx 10 \ldots 40$ V bei integrierten FETs bis zu $U_{(BR)DSS} = 1000$ V bei Einzeltransistoren für Schaltanwendungen.

Bei Sperrschicht-FETs gibt es keinen direkten Durchbruch zwischen Drain und Source, da es sich um ein homogenes Gebiet handelt. Hier bricht bei abgeschnürtem Kanal und zunehmender Drain-Source-Spannung die Sperrschicht zwischen Drain und Gate durch, wenn die oben genannte Durchbruchsspannung $U_{(BR)GDO}$ erreicht wird. [TiS02]

Für Anwendungen im Hochleistungsbereich, wo große Spannungen und Ströme erforderlich sind, ist das Ziel der Technologieentwicklung, die Durchbruchsspannung so weit wie möglich zu erhöhen. Leider erhöht sich dabei aber gemäß einer 1982 von Baliga gefundenen Beziehung gleichzeitig auch der On-Widerstand (Einschaltwiderstand, R_{on}) als weitere charakteristische Größe gemäß der Gleichung

$$\frac{U_{BR}^2}{R_{on}} = \frac{\varepsilon_r \mu_n E_c^3}{4} \tag{2.21}$$

wobei μ_n die Ladungsträgerbeweglichkeit der Elektronen und E_c das kritische elektrische Feld (Durchbruchsfeld) ist. Es muss also einen Kompromiss zwischen Dotierniveau, d.h. kleiner R_{on}, und Durchbruchsspannung geben. Um hohe Durchbruchsspannungen zu erreichen, muss man das Dotierniveau reduzieren und die Verarmungszone vergrößern. Dadurch steigt aber der On-

Widerstand, wodurch sich wiederum die Verluste im Bauelement erhöhen.

Die folgende Abbildung veranschaulicht die Abhängigkeit zwischen R_{on} und U_{BR}. Es wird darin deutlich, warum man für Hochleistungsanwendungen vom Si-Materialsystem zu SiC und GaN übergegangen ist. Für AlGaN/GaN-HEMTs, wie sie im Rahmen dieser Studie in der Endstufe eines OPVs eingesetzt werden, wurden bereits Durchbruchsspannungen von bis zu 1200 V publiziert [Kim10].

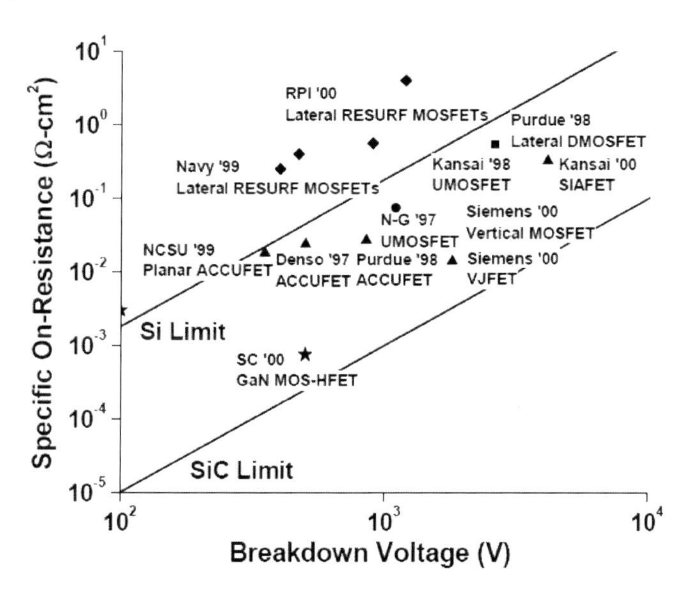

Abbildung 2.9: *Verlauf des On-Widerstands R_{on} als Funktion der Durchbruchsspannung U_{BR} für verschiedene Materialsysteme (aus [Zha02])*

2.1.2.2 Ausgangsstrom

Der maximal mit einem OPV erreichbare Ausgangsstrom hängt von den Eigenschaften der darin eingesetzten Bauteile ab, nämlich von den Durchbruchsspannungen der verwendeten Transistoren, die gemäß dem vorherigen Abschnitt bestimmend für die maximale Ausgangsspannung sind, von deren Fläche (Gate-Weite × Gate-Länge bei FETs) sowie von der sonstigen Beschaltung. Außerdem hängt der maximale Ausgangsstrom davon ab, ob der OPV im Dauer- oder im gepulsten Modus betrieben wird. Im letzteren Fall ist der maximale Ausgangsstrom in der Regel höher, da Temperatureffekte nur in reduziertem Umfang auftreten.

2.1.2.3 Verstärkungs-Bandbreite-Produkt

Bei einem OPV verringert sich die Verstärkung mit steigender Frequenz, und das Ausgangssignal folgt mit einer gewissen Verzögerung den Änderungen der Eingangsspannung. Der für dieses Verhalten entscheidende Parameter ist die Transitfrequenz f_T, bei der die Verstärkung auf den Wert 1 (oder 0 dB) sinkt (roter Punkt in Abb. 2.10). Bei noch höherer Frequenz lässt die Rückkopplung keine Oszillation des OPVs mehr zu.

Bei sinusförmiger Eingangsspannung ist die Ausgangsspannung phasenverschoben. Die Phasenverschiebung wird durch den Winkel β dargestellt (blauer Balken darüber). Wenn β für alle $f < f_T$ im Bereich $0 < \beta < -180°$ bleibt und die externe Gegenkopplungsschaltung keine weitere Phasenverschiebung addiert, kann der OPV nicht oszillieren.

Die Differenz $180° - |\beta|$ bezeichnet man als Phasenreserve φ (*phase margin*), als Kennzahl, wie problemlos der Verstärker arbeiten wird. Je näher dieser Wert bei 180° liegt, desto stabiler arbeitet der Verstärker. Je größer β wird, also je kleiner φ wird, desto empfindlicher reagiert

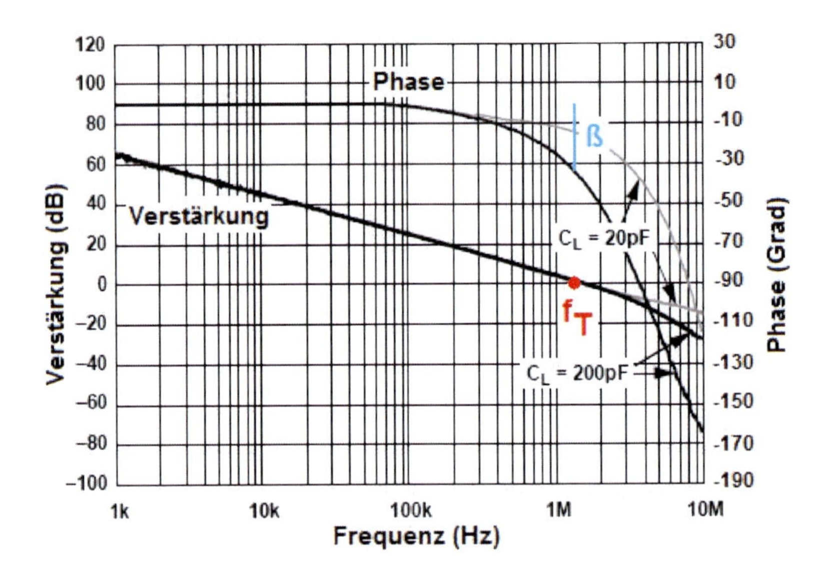

Abbildung 2.10: *Verstärkung und Phasenverschiebung eines nicht rückgekoppelten Operationsverstärkers für unterschiedliche kapazitive Belastungen*

die Schaltung bei Sprüngen der Signalamplitude, und man kann am Verstärkerausgang stärkeres Überschwingen beobachten. Wenn φ negativ wird, ist aus der Gegenkopplung eine Mitkopplung geworden und der Verstärker wirkt als Oszillator. Im Idealfall sollte die Phasenreserve mehr als 90° betragen. Der Wert von β, bzw. φ, lässt sich durch interne oder externe Frequenzkompensation des Operationsverstärkers beeinflussen.

In Abb. 2.4 (b) erzeugt der Spannungsteiler den Anteil

$$\alpha = \frac{R_e}{R_e + R_f} \tag{2.22}$$

der Ausgangsspannung U_a. Dabei gilt $0 < \alpha \leq 1$. Der rückgekoppelte Anteil wird im OPV von der Signalspannung U_e subtrahiert und die Differenz erscheint um den Faktor V verstärkt am Ausgang als U_a. Löst man die entsprechende Gleichung auf, folgt daraus

$$U_a = U_e \cdot \frac{1}{\alpha + \frac{1}{V}} \approx \frac{U_e}{\alpha} \tag{2.23}$$

Die Näherung ist meist genau genug, wenn die Verstärkung 10^5 übersteigt. Dann wird die Gesamtverstärkung der Schaltung U_a/U_e praktisch nur durch die Gegenkopplung festgelegt. Durch die Verringerung der Verstärkung erkauft man sich enorme Vorteile: Die Bandbreite wird vergrößert, Fertigungstoleranzen des OPVs verlieren ihre Bedeutung und die Kennlinie des OPVs wird linearisiert (weniger Verzerrungen).

Das **Verstärkungs-Bandbreite-Produkt** (*gain bandwidth product*, GBP) bei einem Verstärker ist das Produkt aus der Bandbreite und der Verstärkung, bei der die Bandbreite gemessen wird. Für Bauteile wie Operationsverstärker ist das Verstärkungs-Bandbreite-Produkt näherungsweise unabhängig von der Verstärkung, bei der es gemessen wird. In diesen Bauteilen ist das GBP gleich der Einheitsbandbreite (*unity-gain bandwidth*, Bandbreite bei der die Verstärkung gleich 1 ist) des Verstärkers. Das GBP charakterisiert die Eignung eines Operationsverstärkers für Verstärkeranwendungen bei höheren Frequenzen. Das Verstärkungs-Bandbreite-Produkt kann je nach Typ des Operationsverstärkers von 100 kHz bis in den Gigahertz-Bereich variieren.

Beim OPV ist das GBP das Produkt zwischen Verstärkung und Frequenz. Es ist eine Konstante, d.h. das GBP kann berechnet werden mit der Formel

$$\text{Bandbreite [Hz]} = \frac{\text{GBP [Hz]}}{\text{Verstärkung bei Gegenkopplung}} \tag{2.24}$$

Dieser Zusammenhang wird in Abb. 2.11 illustriert, wo für verschiedene Verstärkungen bei Gegenkopplung die jeweilige Bandbreite eingezeichnet ist.

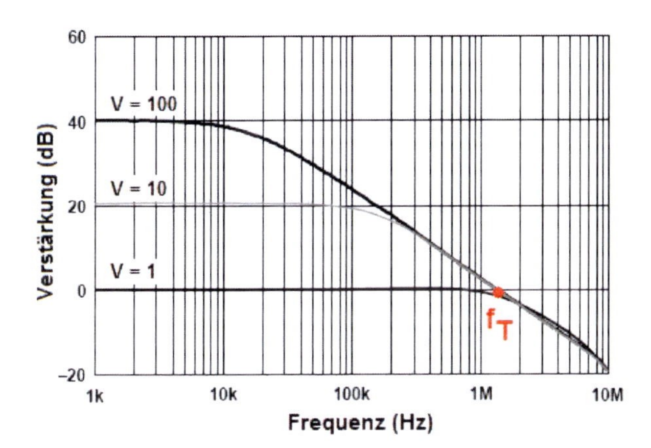

Abbildung 2.11: *Mit sinkender Verstärkung vergrößert sich die Bandbreite. Unter Bandbreite versteht man den Bereich konstanter Verstärkung.*

Bei einem gegengekoppelten Verstärker ist das GBP konstant und hat bei einer Verstärkung von 0 dB den gleichen Wert wie die **Transitfrequenz** f_T (s. Abb. 2.11). Eine Änderung der Gegenkopplung wirkt sich auf die Verstärkung und damit auf die Bandbreite aus. Am Beispiel der Werte aus Abb. 2.11 verhält sich das GBP wie folgt:

- Wenn die Verstärkung eines OPVs mit f_T 1,3 MHz durch Gegenkopplung auf V = 100 eingestellt wird, besitzt er eine Bandbreite von 13 kHz.
- Sinkt bei stärkerer Gegenkopplung die Verstärkung auf 10, vergrößert sich die Bandbreite auf 130 kHz.
- Bei stärkstmöglicher Gegenkopplung ($\alpha = 1$), dem Impedanzwandler, reicht die Bandbreite bis f_T.

2.1.2.4 Anstiegsrate

Neben der Reduzierung der Bandbreite und Schleifenverstärkung bewirkt die notwendige Frequenzgangkorrektur durch Gegenkopplung auch eine Begrenzung der maximalen Anstiegsgeschwindigkeit der Ausgangsspannung, die man *Slew-Rate* nennt. Im Gegensatz zur Bandbreite handelt es sich dabei um einen nicht-linearen Effekt.

Die Ursache für die Begrenzung der Slew-Rate lässt sich aus dem Schaltbild in Abb. 2.12 (a) ableiten. Wenn bei Übersteuerung nur T_2 leitet, wird $I_1 = 2I_0$. Wenn nur T_1 leitet, fließt der ganze Strom über den Stromspiegel; dann wird $I_1 = -2I_0$. Der Ladestrom von C_k ist auf den maximalen Ausgangsstrom des Differenzverstärkers $I_{1max} = \pm 2I_0 = \pm 20\mu$A beschränkt. Da an der Korrekturkapazität die volle Ausgangsspannung liegt, folgt aus $I = C\dot{U}$:

$$SR = \left.\frac{dU_a}{dt}\right|_{max} = \frac{I_{1max}}{C_k} = \frac{2I_0}{C_k} = \frac{20\mu A}{30pF} = 0,6\frac{V}{\mu s} \tag{2.25}$$

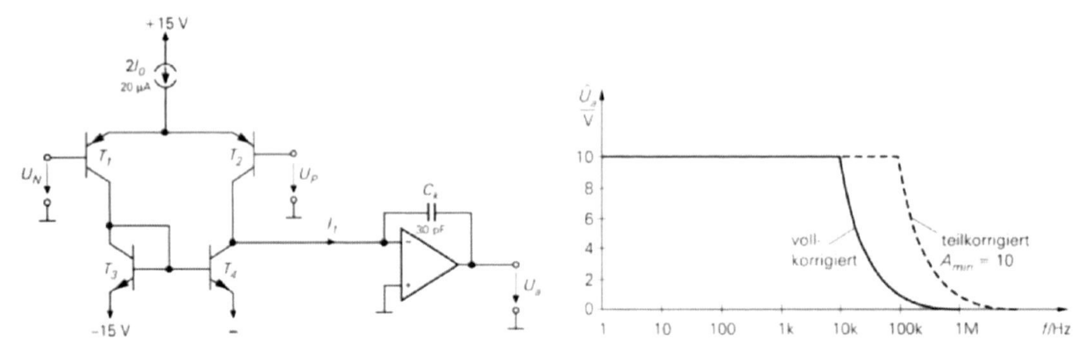

(a) Modell zur Erklärung der Slew-Rate am Beispiel eines Verstärkers der μA741-Klasse. Die zweite Verstärkerstufe mit dem Miller-Kondensator ist hier symbolisch als Integrator dargestellt.

(b) Abhängigkeit der Ausgangsaussteuerbarkeit von der Frequenz bei einem Verstärker vom Typ μA741

Abbildung 2.12: *Veranschaulichung der Slew-Rate (a) anhand eines Verstärkers vom Typ μA741 und (b) anhand der Antwort auf ein sinusförmiges Eingangssignal (aus [TiS02])*

Die Ausgangsspannung kann sich also in 1 μs höchstens um 0,6 V ändern. Ein rechteckförmiges Signal mit einer Ausgangsamplitude von $\pm$ 20 V besitzt daher eine Anstiegszeit von

$$\Delta t = \frac{\Delta U_a}{SR} = \frac{20V}{0,6V/\mu s} = 33\mu s \tag{2.26}$$

Auch bei sinusförmiger Aussteuerung kann sich die Ausgangsspannung an keiner Stelle schneller ändern als es die Slew-Rate zulässt. Wenn man von einer Ausgangsspannung $U_a = \hat{U}_a \sin \omega t$ ausgeht, erhält man für die maximale, im Nulldurchgang auftretende Steigung:

$$SR = \frac{dU_a}{dt} = \hat{U}_a \omega = 2\pi f \hat{U}_a \tag{2.27}$$

Daraus lässt sich die Frequenz berechnen, bis zu der eine unverzerrte sinusförmige Vollaussteuerung möglich ist:

$$f_p = \frac{SR}{2\pi \hat{U}_a} = \frac{0,6V/\mu s}{2\pi \cdot 10V} = 10kHz \tag{2.28}$$

Diese Größe bezeichnet man als die Leistungsbandbreite (***power bandwidth***), weil bis zu dieser Frequenz die volle Ausgangsleistung erreichbar ist. Die Leistungsbandbreite ist gewöhnlich kleiner als das GBP. Bei Verstärkern der μA741-Klasse beträgt sie lediglich f_p = 10 kHz, obwohl die Kleinsignalbandbreite bei f_T = 1 MHz liegt. Oberhalb der Frequenz f_p reduziert sich die Ausgangsaussteuerbarkeit:

$$\hat{U}_a = \frac{SR}{2\pi f} \tag{2.29}$$

Aus Abb. 2.12 (b) liest man ab, dass bei einem Verstärker der μA741-Klasse bis 10 kHz Vollaussteuerung besteht, aber bei 100 kHz lediglich eine Ausgangsamplitude von 1 V und bei 1 MHz nur noch 0,1 V erreicht wird.

Wenn das Ausgangssignal die Slew-Rate-Begrenzung überschreitet, wird es durch Geradenstücke ersetzt, die der Steigung der Slew-Rate entsprechen. Das Ausgangssignal wird bei nennenswerter Überschreitung der Slew-Rate dreieckförmig und hat außer der Frequenz nur noch wenig mit dem unverzerrten Signal gemeinsam. [TiS02]

2.1.2.5 Offset-Spannung

Die Offset-Spannung ist eine Kenngröße von Operationsverstärkern als Folge systematischer Fehler in einer Schaltung. Die Offset-Spannung wird bei einer Ausgangsspannung von 0 V als Differenzeingangsspannung gemessen.

Dieser Nullpunktfehler entsteht durch Basis- bzw. Gate-Ströme im fA- bis nA-Bereich, die über die Eingangswiderstände abfließen, sowie produktionsbedingte Asymmetrien der symmetrisch aufgebauten Eingangsstufen im integrierten Schaltkreis. Bei Messverstärkern, die auch Gleichspannungsanteile verarbeiten, muss durch eine externe Beschaltung eine Gleichspannungskompensation erfolgen, um die Offset-Spannung bzw. die auftretenden Offset-Ströme durch gleich große, gegengerichtete Ströme auszugleichen. Erst dadurch können auch kleinste Potentialdifferenzen genau gemessen werden. Bei vielen Operationsverstärkern sind Anschlüsse zur Symmetrierung bzw. Nullpunktkompensation herausgeführt. Übliche Werte für die Offset-Spannung reichen bis in den mV-Bereich.

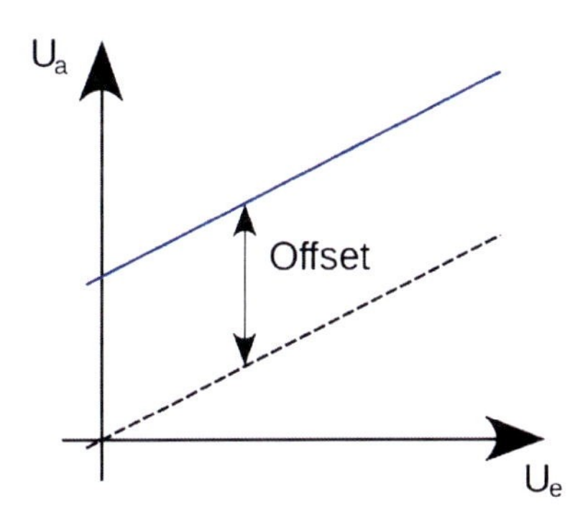

Abbildung 2.13: *Offset-Spannung*

2.1.3 Verstärkerklassen

Leistungsverstärker werden je nach ihrer Betriebsart in verschiedene Klassen eingeteilt: A, B, AB und C für analoge Verstärker und D und E für digitale (Schalt-)Verstärker. Die Einteilung basiert auf dem Wert des Winkels θ, der definiert wird durch den Anteil des zyklischen Eingangssignals, während dessen der Verstärker leitend ist. Diesem Konzept liegt die Vorstellung der Verstärkung eines sinusförmigen Eingangssignals zugrunde. Ist beispielsweise der Verstärker über den gesamten Bereich des Eingangssignals leitend, dann ist $\theta = 360°$. Dieser Winkel hat einen engen Bezug zur Effizienz eines Verstärkers, wie sich bei der genaueren Beschreibung der einzelnen Klassen zeigen wird. Die Darstellung wird sich auf die Klassen A, B und AB beschränken, da die Klasse C vorwiegend bei Hochfrequenz (HF) - Schaltungen Anwendung findet, wo der Verstärker kurzfristig sehr hohe Leistungen ausgeben muss, was insbesondere für Funksender wichtig ist. Die digitalen Verstärkerklassen sind im Rahmen dieser Studie nicht relevant.

2.1.3.1 Klasse A

Bei dieser Verstärkerklasse wird 100 % des Eingangssignals genutzt, d.h. der Winkel θ ist 360° bzw. 2π. Der Verstärker ist also über den gesamten Zeitbereich leitend. Diese Verstärkerklasse wird bevorzugt angewandt, wo Effizienz eine untergeordnete Rolle spielt und besonderer Wert auf Linearität und einfaches Design gelegt wird, wie z.B. bei linearen Kleinsignalverstärkern oder auch bei Niederleistungsverstärkern (z.B. Kopfhörerverstärker). Die nachfolgende Abbildung zeigt das Prinzip eines Klasse A - Verstärkers am Beispiel eines einzelnen Bipolartransistors als Verstärker.

Die Vorteile von Klasse A - Verstärkern sind:

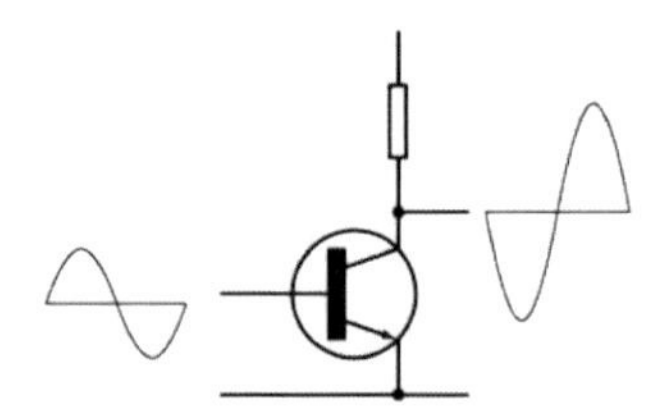

Abbildung 2.14: *Prinzip-Bild eines Klasse A - Verstärkers*

- Sie können einfacher aufgebaut werden als andere Typen, beispielsweise mit nur einem Transistor (s. Abb. 2.14), während zum Beispiel Klasse B- und - AB - Verstärker zwei Bauteile benötigen, um beide Hälften der Wellenform abzudecken.

- Der Verstärker ist so vorgespannt, dass das Bauteil immer zu einem gewissen Grad leitend ist, so dass der Kollektorruhestrom nahe an dem linearsten Abschnitt der Steilheitskurve liegt.

- Da der Verstärker nie komplett ausgeschaltet ist, gibt es keine Anschaltzeiten, kaum Probleme mit der Ladungsspeicherung und im Allgemeinen ein besseres Hochfrequenzverhalten und eine bessere Stabilität bei Rückkopplung.

- Es kann zu keinen Überschneidungsverzerrungen durch Überlappung der Halbwellen wie bei Klasse B - und - AB - Verstärkern kommen. Daher zeichnen sich Klasse A - Verstärker durch ihre geringen Verzerrungen im Nulldurchgangsbereich aus, was sie besonders geeignet für Anwendungen im Audio-Bereich macht.

Die Hauptnachteil von Klasse A - Verstärkern ist, dass sie sehr ineffizient sind. Der Wirkungsgrad liegt theoretisch bei 50 %, praktisch aber weit darunter. Dabei sind 50 % mit induktiver Ausgangskopplung und 25 % mit kapazitiver Kopplung erreichbar, wenn man keine Nichtlinearitäten in Kauf nehmen möchte.

Obwohl Klasse A - Verstärker aufgrund ihrer geringen Effizienz mehr und mehr durch fortschrittlichere Typen ersetzt werden, bleiben sie doch weiterhin im Hobby-Bereich aufgrund ihres unkomplizierten Aufbaus beliebt. Außerdem herrscht die Meinung in der HiFi-Community, dass Klasse A die beste Klangqualität aufgrund der geringen Verzerrung und des Fehlens von höheren Harmonischen ermöglicht. Daher gibt es im HiFi-Bereich immer noch einen signifikanten Markt für Klasse A - Verstärker.

2.1.3.2 Klasse B

Bei Klasse B - Verstärkern wird 50 % des Eingangssignals verwendet ($\theta = 180° = \pi$). D.h. der Verstärker arbeitet im linearen Bereich für eine Hälfte der Periode und wird für die zweite Hälfte ausgeschaltet. In den meisten Klasse B - Verstärkern arbeiten zwei Ausgangsbauteile (oder -module), die immer abwechselnd für die Hälfte der Zeit, d.h. 180° leitend sind (***push-pull***-Betrieb).

Bei diesen Verstärkern kann es zu Überlappungsverzerrungen kommen, wenn der Übergang von einem aktiven Element zum anderen nicht perfekt funktioniert. Dies kann z.B. vorkommen, wenn es sich um ein komplementäres Transistorpaar handelt, das als zwei Emitterfolger, die an der Basis und an den Emittern verbunden sind, verschaltet ist. Dort muss die Basis-Spannung so verändert werden, dass auch ein Wertebereich überstrichen wird, in dem beide Bauteile ausgeschaltet sind.

Klasse B - oder - AB - Push-Pull-Schaltungen stellen die am meisten verbreiteten Typen bei Audioverstärkern dar. Die Klasse AB wird im Allgemeinen als ein guter Kompromiss für Audioverstärker angesehen, da die Musik die meiste Zeit über leise genug ist, damit das Signal im Klasse A - Bereich bleibt, in dem es mit guter Qualität wiedergegeben wird, und bei Verlassen

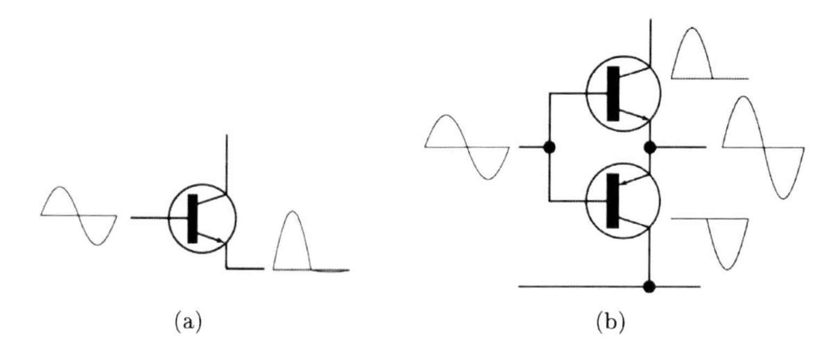

Abbildung 2.15: *(a) Klasse B - Verstärker, (b) Klasse B - Push-Pull-Verstärker*

dieses Bereichs ist die Amplitude groß genug, dass die für Klasse B - Betrieb typischen Verzerrungen relativ gering ausfallen. Durch Gegenkopplung können die Überlappungsverzerrungen weiter reduziert werden. Klasse B - und - AB - Verstärker werden bisweilen auch für lineare HF-Anwendungen genutzt. Klasse B - Verstärker kommen insbesondere in batteriebetriebenen Geräten wie z.B. tragbaren CD-Playern zum Einsatz.

Klasse B - Verstärker verstärken nur die Hälfte des zyklischen Eingangssignals und erzeugen so ein großes Maß an Verzerrung, wobei dennoch ihre Effizienz im Vergleich zu Klasse A - Verstärkern bei weitem höher ist. In Klasse B ist die maximale theoretische Effizienz 78,5 %, da das Bauteil immer wieder komplett abgeschaltet wird und dann keine Leistung erzeugen kann. Klasse B - Komponenten werden gewöhnlich paarweise eingesetzt (siehe Abb. 2.15 (b)). Sie können als Einzelelement in HF-Leistungsverstärkern eingesetzt werden, wo Verzerrungen keine große Rolle spielen, wobei für solche Anwendungen eher die Klasse C zum Einsatz kommt, die im Rahmen dieser Studie aber nicht besprochen wird.

Eine mögliche Schaltung von Klasse B - Komponenten ist die bereits erwähnte Push-Pull-Stufe, wie in Abb. 2.15 (b) gezeigt. In dieser Schaltung werden komplementäre oder quasikomplementäre Transistoren so verschaltet, dass jeder eine der Hälften des Eingangssignals verstärkt, die dann am Ausgang wieder zusammengesetzt werden. Dadurch erreicht man eine sehr hohe Effizienz, aber es kann als Nachteil auch eine Fehlanpassung im Überlappungsbereich der beiden Teilausgangssignale auftreten, was man Überlappungs- oder Übernahmeverzerrung nennt. Diesen Effekt kann man minimieren, indem man beide Bauteile so vorspannt, dass sie nicht komplett ausgeschaltet sind, wenn sie gerade nicht aktiv sind. Diesen Ansatz nennt man Klasse AB - Betrieb.

2.1.3.3 Klasse AB

Die Klasse AB ist ein Zwischentyp zwischen den Klassen A und B mit einer besseren Leistungseffizienz als Klasse A und einer geringeren Verzerrung als in Klasse B.

Die beiden aktiven Komponenten sind für etwas mehr als die Hälfte der Zeit leitend und erzeugen so weniger Überlappungsverzerrungen als Klasse B - Verstärker. Im Beispiel der komplementären Emitterfolger (Abb. 2.15 (b)) erlaubt ein Vorspannungsnetzwerk die Einstellung des Ruhestroms und ermöglicht so die Einstellung des Arbeitspunkts zwischen den Klassen A und B. Klasse AB - Schaltungen mit starker Gegenkopplung weisen sehr gute Verzerrungseigenschaften zusammen mit guter Leistungseffizienz auf, und sie werden häufig in Festkörperverstärkern eingesetzt.

Im Klasse AB - Betrieb arbeitet jede Komponente für sich im Klasse B - Betrieb für eine Hälfte der Periode, aber ist zu einem gewissen Grad auch in der anderen Hälfte leitend. Dadurch wird der Bereich, in dem beide Komponenten gleichzeitig fast ausgeschaltet sind, reduziert. Im Ergebnis ist der Überlapp der Ausgangssignale beider Komponenten nach deren Kombination minimiert oder gar nicht mehr vorhanden. Die exakte Einstellung des Ruhestroms, d.h. des

Stroms durch beide Komponenten, wenn kein Eingangssignal anliegt, ist entscheidend für den Grad der Verzerrung und auch für die Erwärmung der Komponenten, die auch zu Beschädigungen führen kann. Unter Umständen muss die Vorspannung, mit der der Ruhestrom eingestellt wird, an die Temperatur der Endstufe angepasst werden. Eine andere Möglichkeit als Alternative zur thermischen Nachführung der Vorspannung ist der Einsatz von niederohmigen Widerständen in Serie mit den Emittern der Transistoren.

In der Klasse AB ist die Effizienz im Vergleich zur Klasse B etwas geringer, dafür aber die Linearität besser. Der theoretische Maximalwert liegt hier unterhalb von 78,5 % für vollausgesteuerte sinusförmige Eingangssignale bei Transistor-Verstärkern und viel niedriger als dieser Wert bei Röhrenverstärkern. Die Effizienz ist jedoch normalerweise bei weitem höher als in Klasse A.

In den in Abb. 2.16 gezeigten Kennlinien kann man die Eigenschaften der drei beschriebenen Verstärkerklassen erkennen:

- Klasse A: Verstärker arbeitet im linearen Bereich, aber bei hohem Ruhestrom, d.h. mit hoher Verlustleistung; daraus folgt eine niedrige Effizienz und daher geringe Ausgangsleistung (bei gegebenem Leistungsbudget).
- Klasse B: Verstärker arbeitet unterhalb seiner Schwellenspannung und damit ohne Ruhestrom; es kommt zu Übernahmeverzerrungen beim Umschalten zwischen den Polaritäten.
- Klasse AB: Endstufentransistoren werden mit einer Vorspannung für die Basis-Emitter-Diode geringfügig leitend gesteuert. Dadurch verschiebt sich der Arbeitspunkt aus dem Klasse B - Betrieb etwas in Richtung des Klasse A - Betriebs, sodass er am Krümmungsauslauf der Steuerkennlinie liegt. Über beide Endstufentransistoren gesehen entsteht eine gemeinsame lineare Steuerkennlinie. Ohne Signalansteuerung fließt ein Kollektorruhestrom von wenigen mA.

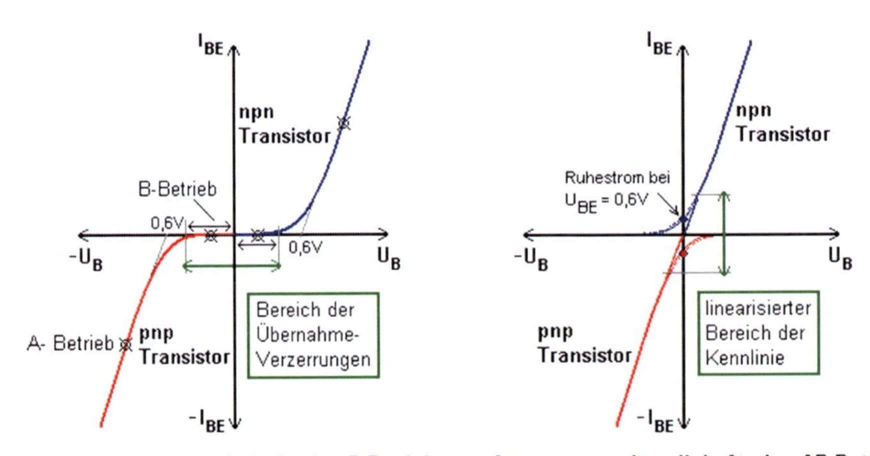

Abbildung 2.16: *Aussteuerkennlinen für Bipolartransistor-basierte Verstärker in den verschiedenen Betriebsarten (aus [Mie13])*

2.1.4 Der Typ μA741

Um den schaltungsmäßigen Innenaufbau eines Operationsverstärkers darzustellen, sei zunächst der prinzipielle Aufbau eines herkömmlichen Operationsverstärkers VV-OPV (s. Tabelle 2.1) in Abb. 2.17 dargestellt.

Obwohl insbesondere moderne spezialisierte Operationsverstärker aus einer Vielzahl von unterschiedlichen Stufen bestehen, die der Erfüllung verschiedener Anforderungen dienen, lassen sich trotzdem all diese Varianten im Wesentlichen auf drei Schaltungsanteile reduzieren, wie in Abb. 2.17 dargestellt:

1. Differentieller Eingang (gelber Bereich)

   Dieser Teil besteht aus einem Differenzverstärker mit den beiden Eingängen und einer Konstantstromquelle. Der Differenzverstärker wandelt kleine Spannungsdifferenzen in einen proportionalen Ausgangsstrom um. Bei einem herkömmlichen Operationsverstärker stellt diese Stufe auch den hohen Eingangswiderstand sicher. Die Eingangstransistoren können je nach Technologie Bipolartransistoren, MOSFETs oder JFETs sein. Die unterschiedlichen Transistortypen wirken sich u.a. auf die Größe des Rauschens aus.

2. Verstärkerstufe (orangefarbener Bereich)

   Hier wird der kleine Eingangsstrom von der Eingangsstufe in eine hohe Ausgangsspannung umgesetzt. In dieser Stufe wird die hohe Geradeausverstärkung des Operationsverstärkers erzeugt. Der Kondensator dient der internen frequenzabhängigen Gegenkopplung und sorgt ab einer bestimmten Frequenz für einen gleichmäßigen Abfall der Geradeausverstärkung umgekehrt proportional zur Frequenz. Diese interne Gegenkopplung ist notwendig, um die Stabilität des Operationsverstärkers mit einer externen Gegenkopplung sicherzustellen.

3. Ausgangsstufe (blauer Bereich)

   Die Endstufe dient gewöhnlich als Stromtreiber für den Ausgang, besitzt einen kleinen Ausgangswiderstand und ermöglicht so einen hohen Ausgangsstrom. Diese Stufe ist oft als Gegentaktstufe realisiert und hat im Gegensatz zu den beiden vorherigen Stufen im Allgemeinen keine Spannungsverstärkung.

Das Kleinsignalverhalten dieser Schaltung wird durch die folgende Gleichung beschrieben:

$$U_a = U_d \cdot \frac{A_0}{1 + j\omega/\omega_C}, \quad \omega_C = 2\pi \frac{GBP}{A_0}, \tag{2.30}$$

wobei U_d die Eingangsspannungsdifferenz, U_a die Ausgangsspannung, A_0 die Geradeausverstärkung bei kleinen Frequenzen und ω_C die Kreisfrequenz bezeichnet.

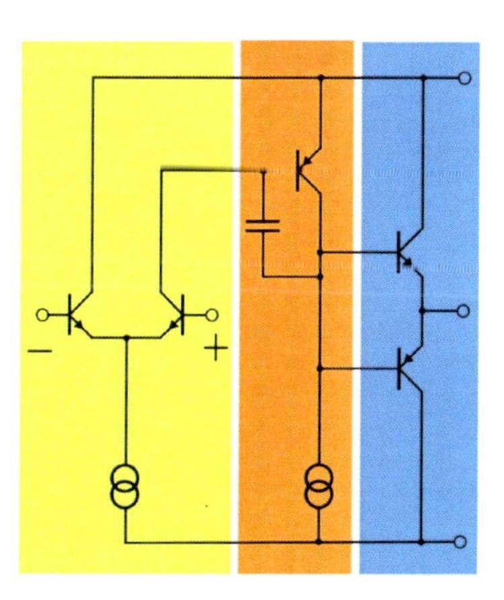

Abbildung 2.17: *Vereinfachte Darstellung der Innenbeschaltung eines Operationsverstärkers*

Zum Vergleich des oben beschriebenen vereinfachten Aufbaus sei nun im Folgenden der Aufbau eines realen OPVs dargestellt. Es handelt sich um die Innenbeschaltung des bekannten OPVs μA741, der 1968 entwickelt wurde und damals das Zeitalter der Integrierten Schaltkreise (*integrated circuits*, ICs) einläutete. Damals war er mangels gleichwertiger Alternativen der bekannteste und am meisten eingesetzte Operationsverstärker. Er wird auch im weiteren Verlauf dieses Buches noch eine Rolle spielen.

In der Abb. 2.18 ist das Schaltbild eines OPVs des Typs μA741 dargestellt. In der Abbildung sind die einzelnen Funktionsblöcke umrahmt und beschriftet.

Der links eingezeichnete braun umrandete Bereich ist die Konstantstromquelle zusammen mit einem Stromspiegel für den IC. Darüber zu sehen ist rot umrandet ein Stromspiegel, mit dem der in der Konstantstromquelle aus der Versorgungsspannung und dem Widerstand R5 erzeugte Strom in die einzelnen Stufen des OPVs verteilt wird.

Rechts neben der Konstantstromquelle ist blau umrandet der Eingangsdifferenzverstärker zu sehen. Dabei bilden T1 und T2 die beiden Eingänge, und die Transistoren T5-T7 stellen aktive Lasten für den Eingang dar.

Neben der Eingangsstufe ist schwarz umrandet die primäre Spannungsverstärkerstufe, bestehend aus einer Darlington-Schaltung mit zwei Transistoren, dargestellt. T16 fungiert dabei als Emitterfolger und sorgt für einen hohen Eingangswiderstand dieser Stufe. Der Kondensator C1 mit 30 pF dient der Frequenzkompensation.

Der hellgrün umrandete Bereich in der Mitte erzeugt eine Vorspannung für die rechts außen magenta umrandete Ausgangsstufe. Die Ausgangsstufe stellt einen niedrigen Ausgangswiderstand sicher, und der Klasse AB - Betrieb ermöglicht hohe Ausgangsströme.

Der dunkelgrün umrandete Bereich rechts unten schließlich stellt eine Schutzschaltung gegen Kurzschlüsse dar. Die beiden Transistoren T22 und T24 sind normalerweise ausgeschaltet, und sie leiten nur, wenn ein großer Strom aus dem Ausgang fließt, z.B. im Falle eines Kurzschlusses.

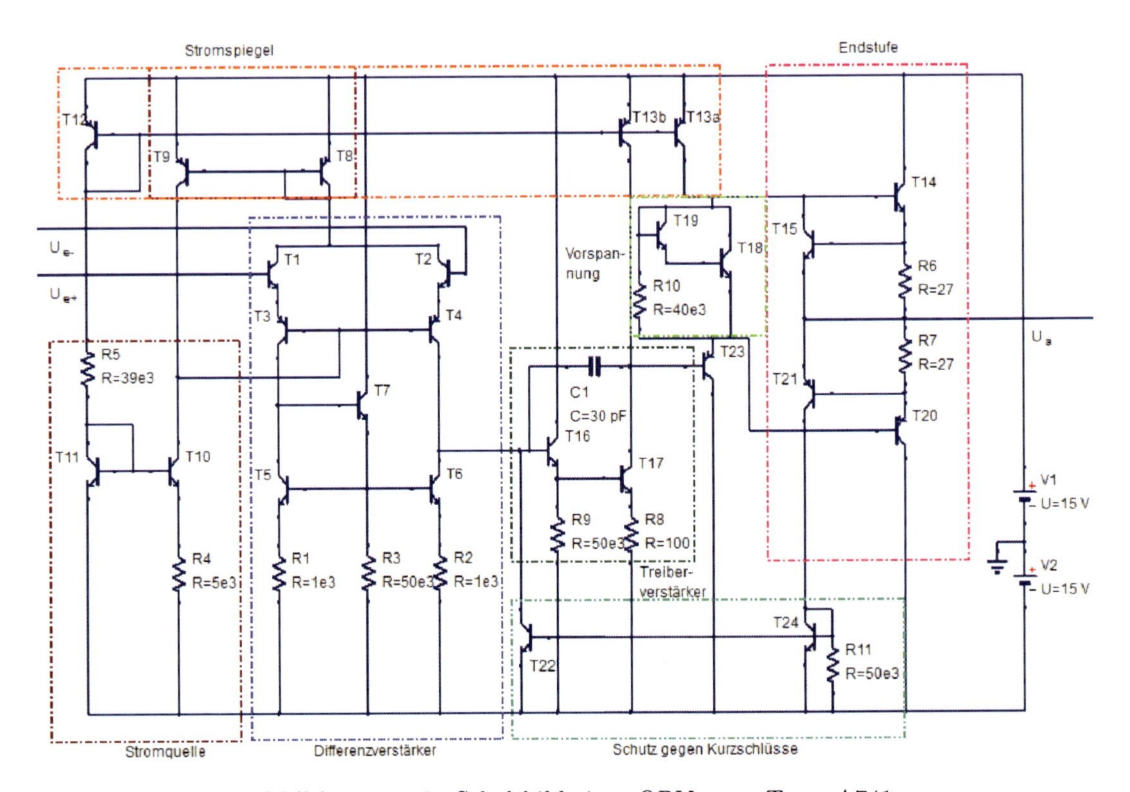

Abbildung 2.18: *Schaltbild eines OPVs vom Typ μA741*

2.2 Einführung in das Materialsystem Galliumnitrid (GaN)

2.2.1 Materialeigenschaften

Neben den klassischen Gruppe-IV-Halbleitern (Si, Ge) und den konventionellen III-V-Materialsystemen (GaAs, GaSb, InP) wurden in den letzten Jahren auch die III-Nitride intensiv untersucht. III-Nitride decken einen Bandlückenbereich von 0,7 eV für InN bis 6,2 eV für AlN ab. Im Vergleich mit anderen Materialsystemen haben sie eine viel kleinere Gitterkonstante, was sie zu mechanisch sehr stabilen Verbindungen macht.

Die natürliche Kristallstruktur von Nitriden, wie sie auch bei Raumtemperatur vorliegt, ist die Wurtzit-Struktur. Mit speziellen Techniken lassen sich auch Zinkblende-Formationen erzeugen. Zudem existiert auch unter sehr hohem atmosphärischen Druck die chemische Struktur von Steinsalz. Im Gegensatz dazu liegen die übrigen III-V-Verbindungshalbleiter, die arsenidischen, phosphidischen und antimonidischen Verbindungen, stets in Zinkblende-Struktur vor, wie aus Abb. 2.19 hervorgeht.

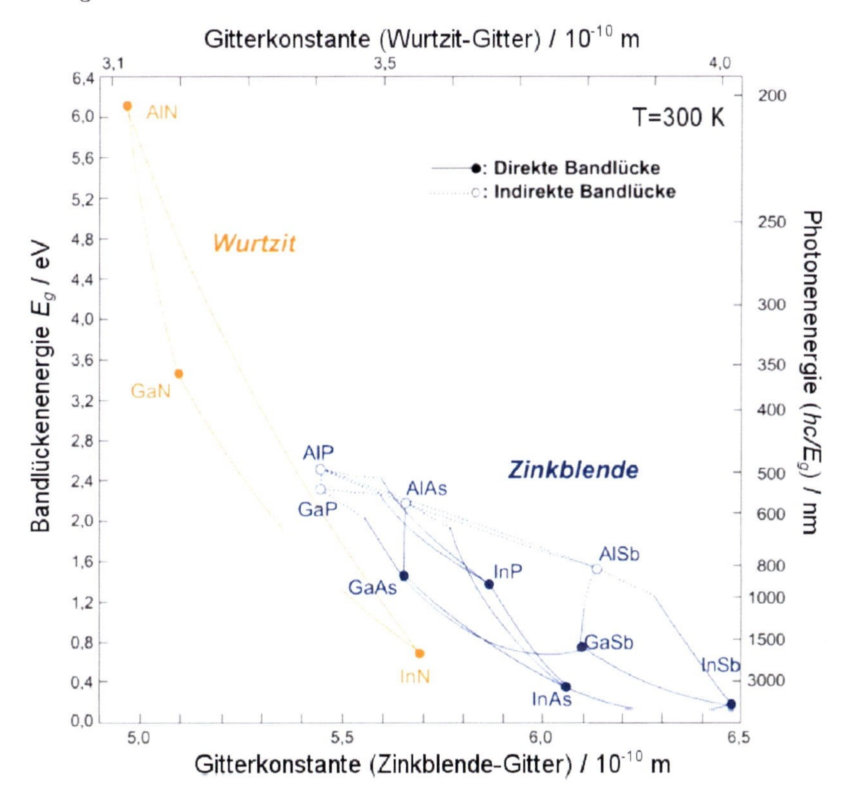

Abbildung 2.19: *Bandlückenenergie von III-N-Halbleitern als Funktion der Gitterkonstanten. Zum Vergleich sind auch einige III-V-Halbleiter eingezeichnet.*

Aufgrund ihrer hohen Bandlückenenergie eignen sich III-N-Halbleiter besonders für die Herstellung von LEDs und Halbleiterlaserdioden im blauen und ultravioletten Wellenlängenbereich. Außerdem resultiert aus der hohen Bandlücke eine besonders hohe Durchbruchs- und Temperaturfestigkeit, weshalb dieses Materialsystem, zusammen mit einem kleinen Einschaltwiderstand R_{on}, insbesondere geeignet ist für Anwendungen im Hochleistungsbereich (s.a. Abb. 2.9). GaN-basierte Bauelemente stellen einen Kompromiss zwischen Hochfrequenz-, aber Niederleistungsmaterialsystemen wie InP und Hochleistungs-, aber Niederfrequenzmaterialsystemen wie SiC dar. [Ber05]

AlGaN/GaN-Heterostrukturen haben diverse Vorteile, die unter anderem von den Eigenschaften des GaN-Materialsystems herrühren. Darüber hinaus ist die Bildung des zweidimensionalen

Elektronengases (2DEG) aufgrund von Polarisationseffekten ein für die Forschung sehr interessanter Aspekt. Denn wegen des starken Polarisationsgradienten an der AlGaN/GaN-Grenzfläche sind die 2DEG-Dichten 3 bis 10 mal höher als im GaAs- oder InP-Materialsystem (s. Tab. 2.3). Um hohe Ladungsträgerbeweglichkeiten zu erzielen, muss die Beweglichkeit bei kleinen Feldstärken im 2DEG, die maximale Geschwindigkeit im Bulk (3D-Material) und die Sättigungsgeschwindigkeit im Bulk-Material hoch sein.

Sowohl die Schichtqualität der AlGaN/GaN-Heterostruktur als auch die Qualität des Substrats beeinflussen die Bauteileigenschaften. Als Substratmaterial kommen Saphir (Al_2O_3), Si und SiC zum Einsatz, wobei die Herstellung von nativen AlN- and GaN-Substraten als optimale Lösung für versetzungsfreies Schichtwachstum, das sich von der Pufferschicht bis in die aktive Schicht auswirkt, Gegenstand aktueller Forschungsarbeiten ist.

Ständig neue veröffentlichte Rekordwerte im Bereich der GaN-basierten HEMTs zeigen die stetigen Verbesserungen beim Schichtwachstum und bei der Prozessierung. Zusammenfassend kann man die folgenden drei Punkte angeben, die für das anhaltend große Interesse an GaN verantwortlich sind:

1. Aufgrund der sehr hohen Ladungsträgergeschwindigkeiten und der hohen Ladungsträgerbeweglichkeit können hohe Frequenzen (f_T) erreicht werden.

2. AlGaN/GaN-HEMTs weisen hohe Durchbruchsspannungen (die Durchbruchsfeldstärken von GaN sind um etwa eine Größenordnung höher als bei anderen III-V-Verbindungshalbleitern) und sehr hohe Ladungsträgerkonzentrationen im 2DEG auf und sind somit prädestiniert für hohe Ausgangsleistungen.

3. Aufgrund der großen Bandlücke von GaN-basierten Verbindungshalbleitern (einstellbar von 3,4 bis 6,2 eV) sind diese (als einzige anorganische Halbleitermaterialien) geeignet zur Herstellung von LEDs und Halbleiterlasern im blauen und ultravioletten Spektralbereich.

Heteroübergang (Barriere/Kanal)	ΔE_c [eV]	2DEG-Schicht-Konzentration n_s [$\times 10^{12} cm^{-2}$]	Niedrigfeld-beweglichk. [cm^2/Vs]	maximale Geschwind. [$\times 10^7 cm/s$]	Sättigungs-Geschwind. [$\times 10^7 cm/s$]
$Al_{0.3}Ga_{0.7}As/GaAs$	0,22	1,5	8000	2,0	0,8
$Al_{0.25}Ga_{0.75}As/In_{0.2}Ga_{0.8}As$	0,36	3,0	7000	2,3	0,7
$In_{0.52}Al_{0.48}As/In_{0.53}Ga_{0.47}As$	0,52	4 - 5	10000	2,6	0,7
$Al_{0.3}Ga_{0.7}N/GaN$	**0,42**	**10 - 15**	**1400**	**2,5**	**2,0**
Si	-	-	700	1,0	1,0
4H SiC	-	-	600	2,0	2,0

Tabelle 2.3: *Vergleich der Parameter verschiedener Heterostrukturen (aus [Sch03])*

Es wurden bereits GaN-basierte Transistoren realisiert, die bis weit oberhalb von 100 GHz funktionieren und die Ausgangsleistungen von über 10 W/mm aufweisen. Damit können sehr kleine (wegen der hohen Leistungsdichte) und leistungsstarke Bauteile hergestellt werden, was heutzutage für die Industrie sehr wichtige und für viele Anwendungen unentbehrliche Charakteristika sind.

Für detailliertere Ausführungen zu den Materialeigenschaften sei auf [Ber05] und [Qua08] verwiesen. Eine detaillierte Darstellung an dieser Stelle würde den Rahmen dieses Buches sprengen.

2.2.2 Bauteileigenschaften

In diesem Abschnitt soll ein besonderes Augenmerk auf diejenigen Eigenschaften GaN-basierter Transistoren geworfen werden, die insbesondere für Anwendungen im Hochleistungsbereich von Interesse sind.

Zunächst einmal soll an dieser Stelle die Transistor-Bauform HEMT, von der im bisherigen Verlauf immer wieder die Rede war, näher beschrieben werden.

Der HEMT (*High Electron Mobility Transistor*, Transistor mit hoher Elektronenbeweglichkeit) ist eine spezielle Bauform des Feldeffekttransistors, die sich besonders für Anwendungen bei sehr hohen Frequenzen eignet, und er ist von der Konstruktion her eine spezielle Bauform eines JFETs (*Junction Field Effect Transistor*).

HEMT-Strukturen, die epitaktisch in der Regel mittels Molekularstrahleptiaxie (*Molecular Beam Epitaxy*, MBE) oder Metallorganischer chemischer Gasphasenabscheidung (*Metal-organic Chemical Vapour Deposition*, MOCVD) hergestellt werden, bestehen aus Schichten verschiedener Halbleitermaterialien mit unterschiedlich großen Bandlücken. Anfangs wurde hauptsächlich das Materialsystem AlGaAs/GaAs verwendet, wobei das AlGaAs hoch n-dotiert und das GaAs nicht dotiert wird. Das HEMT-Prinzip ist auch auf andere Materialsysteme wie InGaAs/InP/AlInAs, AlGaN/GaN, AlInN/GaN und Si/SiGe anwendbar. Da die Bandlücke des AlGaAs größer ist als die des GaAs, bildet sich an der Grenzfläche dieser beiden Materialien auf Seiten des GaAs ein zweidimensionales Elektronengas (2DEG) aus, das den leitfähigen Kanal bildet. Die Elektronenbeweglichkeit ist darin sehr hoch, wodurch die Verstärkung bis hin zu hohen Frequenzen ermöglicht wird. In Abb. 2.20 ist links der Schichtaufbau eines AlGaAs/GaAs-HEMTs gezeigt. Eingezeichnet sind hier die Lage des 2DEG in der Schichtstruktur sowie die Ätztiefe der drei Elektroden. Auf der rechten Seite ist der Verlauf des Leitungsbandes gezeigt. Hier sieht man, dass an der Grenzfläche zwischen AlGaAs und GaAs eine Diskontinuität im Leitungsband auftritt, in die von Seiten der hoch n-dotierten AlGaAs-Schicht als Donor Elektronen injiziert werden und an der sich ein 2DEG bildet, in dem die Elektronenbeweglichkeit sehr hoch ist.

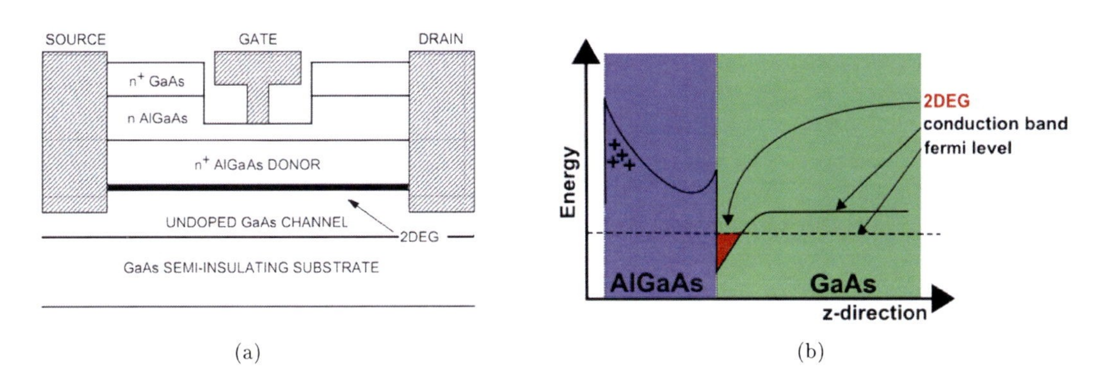

Abbildung 2.20: *(a) Querschnitt eines AlGaAs/GaAs-HEMTs, (b) Verlauf des Leitungsbandes bei einem AlGaAs/GaAs-HEMT*

AlGaAs/GaAs-HEMTs sowie auch HEMTs im InP-Materialsystem sind heutzutage weitestgehend erforscht und technologisch ausgereift. Gegenstand der aktuellen Forschungsarbeiten sind Materialkombinationen aus Galliumnitrid (GaN) und Aluminium-Gallium-Nitrid (AlGaN) oder Aluminium-Indium-Nitrid (AlInN), weil man sich mit diesen Materialien wie oben beschrieben verbesserte Bauteileigenschaften, beispielsweise eine höhere Betriebsspannung wegen des vergleichsweise hohen Bandabstands bei gleichzeitig kleinem R_{on}, erhofft. Besonders für die Herstellung von Leistungstransistoren erweist sich diese Materialkombination als vorteilhaft, da die Ausgangsimpedanz bei gleicher Leistung steigt und somit die Auskopplung der Leistung durch bessere Komponenten-inhärente Anpassung vereinfacht wird Auf Siliziumcarbid (SiC) abgeschieden, weist das GaN-Materialsystem zusätzlich einen geringeren thermischen Widerstand als GaAs-Materialkombinationen auf, was sich positiv auf die maximale Verlustleistung bzw. Lebensdauer und Zuverlässigkeit auswirkt.

Abb. 2.21 zeigt den typischen Schichtaufbau eines AlGaN/GaN-HEMTs sowie rechts den Verlauf des Leitungsbandes.

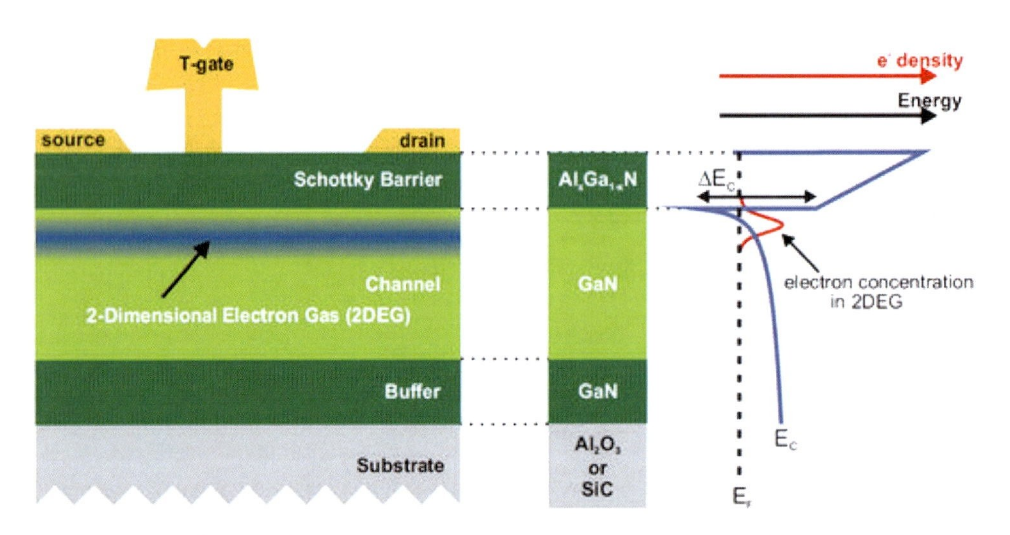

Abbildung 2.21: *Schichtstruktur und Leitungsbandverlauf eines AlGaN-GaN-HEMTs*

Die herausragenden Besonderheiten von AlGaN/GaN-HEMTs im Vergleich zu GaAs- und InP-basierten HEMTs sind:

- Die AlGaN-Barriere kann undotiert bleiben, da die materialinhärenten Polarisationsfelder aufgrund von spontaner und Piezo-Polarisation bereits das 2DEG erzeugen.
- Höhere Ladungsträgerkonzentrationen im 2DEG ($> 10^{13}/cm^2$) können aufgrund der großen Leitungsbanddiskontinuität erreicht werden.

GaN-HEMTs sind aufgrund des hohen elektrischen Durchbruchsfeldes und der hohen Elektronensättigungsgeschwindigkeit ($\approx 1,5 \times 10^7 cm/s$, vgl. Tab. 2.3) insbesondere für Hochleistungs- und Hochtemperaturanwendungen interessant. Letzterer Punkt ist eine Folge der großen Bandlücke von 3,44 eV bei Raumtemperatur und ermöglicht den Betrieb bei hohen Versorgungsspannungen, was eine der zwei Anforderungen für Hochleistungsanwendungen ist, neben dem Betrieb bei hohen Temperaturen von bis zu 500 °C. [Bäc02]

Die folgenden vier Abbildungen sollen verdeutlichen, welches Potential in GaN-basierten HEMTs steckt und was momentan auch Gegenstand intensiver Forschungsanstrengungen weltweit ist.

Zunächst sind die Ausgangskennlinien eines AlGaN/GaN-HEMTs im Vergleich zu denen eines AlGaAs/GaAs-HEMTs dargestellt. Obwohl es sich bei letzterem wie schon erwähnt um eine ausgereifte Technologie handelt, der Vergleich also etwas unfair ist, kann man hier erkennen, was GaN-Bauteile unter anderem so attraktiv macht: Man kann aus einem HEMT ohne besondere Maßnahmen zur Wärmeabfuhr einen Ausgangsstrom von 1 A erzielen, ohne dass thermisches Überrollen auftritt. Außerdem ist ein Betrieb bis zu viel höheren Betriebsspannungen möglich.

In Abbildung 2.23 ist für verschiedene Materialsysteme die Ausgangsleistung in W/mm aufgetragen, d.h. in Watt pro Gate-Weite. Man sieht, dass die höchsten Werte mit AlGaN/GaN-HEMTs erreicht werden (gefüllte Dreiecke). Allerdings sieht man auch, dass in der Telekommunikation die Anforderungen für mobile Endgeräte, d.h. Handys, bereits mit der preisgünstigeren GaAs-PHEMT-Technologie erreicht werden. Heutzutage sind in jedem Handy GaAs-Komponenten enthalten. Anders sieht es bei den Basisstationen aus, die mit hoher Leistung senden und bei denen die Betreiber verständlicherweise auf Energieeinsparungen aus sind. Hier kann mit GaN-Bauteilen erheblich mehr Leistung bei gleicher Betriebsspannung erreicht werden. Im Allgemeinen verdeutlicht die Abbildung auch, worin ein Hauptanwendungsgebiet für GaN-Bauteile liegt: In der Telekommunikation, wo momentan die GaN-Technologie bereits in den Basisstationen Einzug hält.

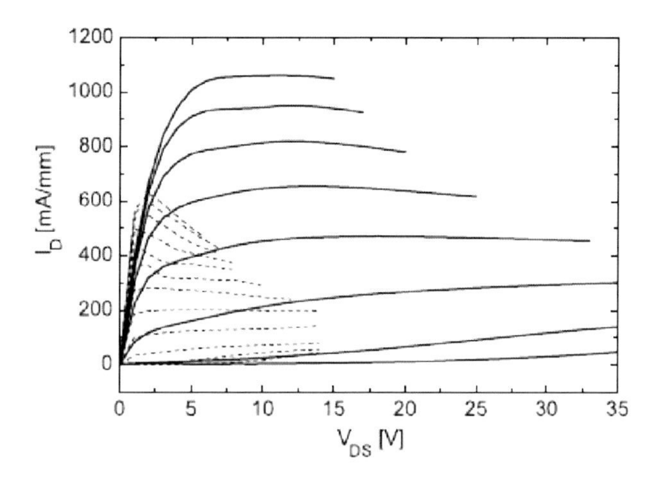

Abbildung 2.22: *Kennlinien eines AlGaN/GaN-HEMTs im Dauerstrichbetrieb mit der Gate-Source-Spannung (2 V, - 1 V Schritte) als Parameter verglichen mit einem GaAs-PHEMT (0,2 V Schritte), Gate-Weite 1 mm und Gate-Länge 300 nm (aus [Qua08])*

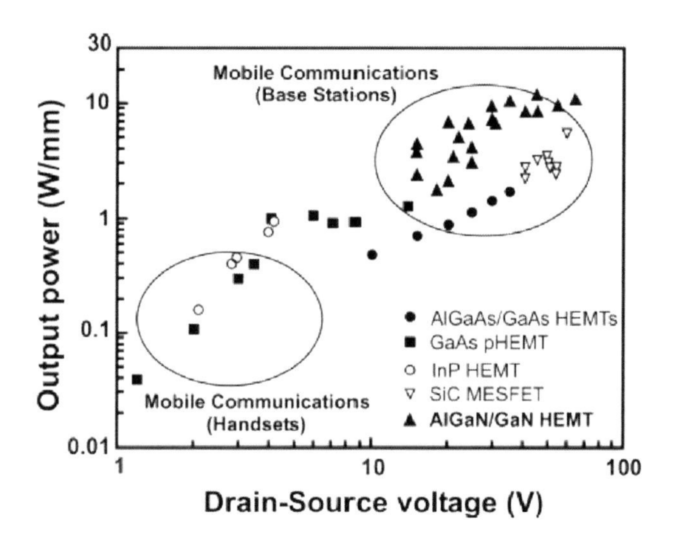

Abbildung 2.23: *Ausgangsleistung von AlGaN/GaN-HEMTs als Funktion der Drain-Source-Spannung (aus [Sch03])*

An dieser Stelle sei angemerkt, dass die Durchbruchsspannung insbesondere im Bereich der Hochleistungsbauelemente durch verschiedene technologische Maßnahmen erhöht werden kann. Ansätze hierfür sind beispielsweise der Übergang von lateralen zu vertikalen Strukturen, d.h. die räumlich bestmögliche Trennung von Source und Drain durch deren Anordnung auf Ober- und Unterseite des Wafers und dem Einbau von Dotierungen zum Aufbau von Gegenfeldern.

In Abschnitt 2.1.2.1 wurde bereits die sogenannte Baliga-Figure-of-Merit in Gleichung (2.21) definiert und in Abb. 2.9 für verschiedene Materialsysteme dargestellt. R_{on} steigt proportional zum Quadrat der Durchbruchsspannung an, d.h. es steigen die Verluste im Bauteil. Der Proportionalitätsfaktor ist jedoch materialabhängig und für GaN kleiner als bei allen anderen infrage kommenden Materialsystemen. In Abb. 2.24 ist nochmals der spezifische On-Widerstand in Ab-

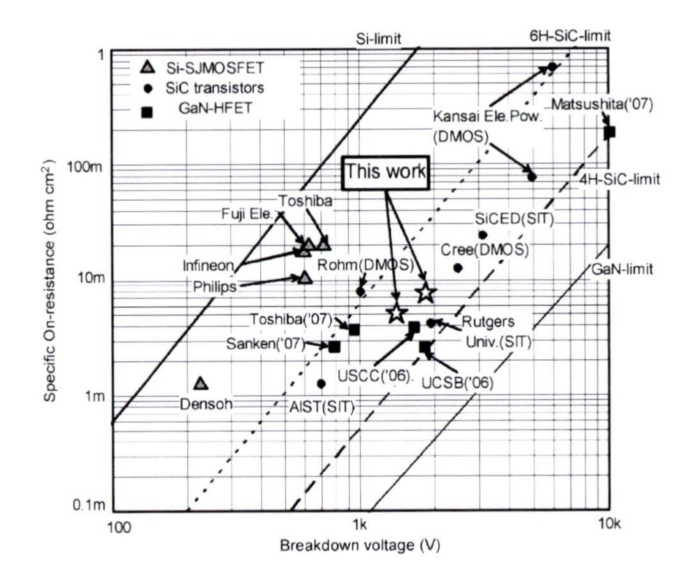

Abbildung 2.24: *R_{on} als Funktion der Durchbruchsspannung für verschiedene Materialsysteme (aus [Ike10])*

hängigkeit von der Durchbruchsspannung dargestellt, dieses Mal mit den Daten aus dem GaN-Materialsystem. Man sieht die deutliche Verbesserung im Vergleich zu SiC. Man erkennt, dass im GaN-Materialsystem theoretisch 10 Ωcm^2 bei 10 kV Durchbruchsspannung möglich sind.

Eine weitere spezielle Eigenschaft von GaN-Bauteilen zeigt sich, wenn man das Produkt aus R_{on} und der Gate-Ladung Q_g als Funktion der Durchbruchsspannung aufträgt, wie es in Abb. 2.25 gezeigt ist.

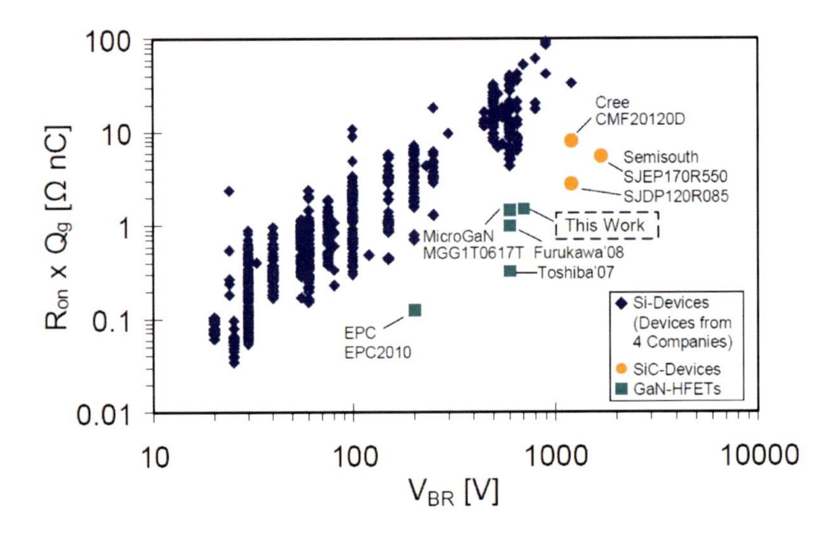

Abbildung 2.25: *Das Produkt $R_{on} \times$ Gate-Ladung Q_G als Funktion der Durchbruchsspannung für verschiedene Materialsysteme. Man erkennt, dass im GaN-Materialsystem theoretisch 10 Ωcm^2 bei 10 kV Durchbruchsspannung möglich sind. (aus [Rei12])*

Man erkennt hier, dass die Werte der GaN-FETs deutlich unterhalb der Werte für Si und SiC liegen. Der Vorteil, der sich daraus ergibt, dass man bei hohen Durchbruchsspannungen und niedrigen On-Widerständen auch gleichzeitig wenig Ladung auf dem Gate hat, ist, dass man dann auch qualitativ ausgedrückt schnell umladen, d.h. schalten kann, was vor allem für Schalteranwendungen von großer Bedeutung ist. Der Grund, warum sich dieses vorteilhafte Verhalten bei GaN zeigt, ergibt ich implizit aus dem Vergleich von Abb. 2.22 mit Abb. 2.23: Die Gate-Ladung wächst proportional zur Fläche des Gates. Da aber bei GaN bei gleicher Gate-Weite, d.h. gleicher Fläche, im Vergleich zu anderen Materialsystemen mehr Ausgangsleistung erzielt wird, d.h. die Ausgangsleistung linear mit der Gate-Fläche ansteigt, ist auch das Verhalten in Abb. 2.25 zu erwarten. Allerdings sei hier angemerkt, dass die Höhe der Gate-Ladung und damit das Schaltverhalten durch bestimmte technologische Maßnahmen noch weiter optimiert werden kann. Ansätze hierfür werden in [Rei12] dargestellt.

3 Stand der Technik und Anwendungen

3.1 Einteilung von marktverfügbaren Operationsverstärkern

Aktuell ist eine sehr große Vielfalt an Operationsverstärkern auf dem Markt verfügbar. Eine Einteilung kann vorgenommen werden anhand des Anwendungsgebiets, für das sie konzipiert wurden. Praktisch alle marktverfügbaren Operationsverstärker basieren auf Si-Technologie und Bipolar- bzw. Feldeffekttransistoren; nur sehr wenige Operationsverstärker sind in SiGe-Technologie verfügbar. Der Grund dafür ist der immense Preisdruck bei solchen Bauteilen, dem man momentan nur mit der Si-Technologie und in begrenztem Umfang für Spezialanwendungen auch mit SiGe begegnen kann. Im Folgenden soll, in Anlehnung an die Einteilung in [TiS02], ein kurzer Abriss der verschiedenen OPV-Typen gegeben werden. Wo nicht anders erwähnt handelt es sich um normale, VV-Operationsverstärker entsprechend Tab. 2.1 (Abschnitt 2.1.1.1). Im Bereich der Forschung gab es bereits Arbeiten zur Realisierung von Operationsverstärkern auf Basis von GaAs, die allerdings zu keinen Produkten geführt haben. Grund dafür war vermutlich, dass das Ausmaß der Verbesserung der Leistungsdaten den höheren Preis nicht aufwiegen konnte.

- Universaltypen
  - keine besonderen elektrischen Eigenschaften
  - besonders preisgünstig
  - bekannte Vertreter: 741, 324 (klassische Standardtypen)
- Präzisionstypen
  - hohe Genauigkeit bei Gleichspannung und niedrigen Frequenzen
  - niedrige Offsetspannung, hohe Differenzverstärkung, niedriger Eingangsruhestrom
  - Vermeidung von Thermospannungen erforderlich
- Rauscharme Typen
  - mit Bipolartransistoren am Eingang: Rauschspannungsdichten von 1 $\text{nV}/\sqrt{\text{Hz}}$ realisierbar
  - mit Sperrschicht FETs am Eingang $\geq 5\ \text{nV}/\sqrt{\text{Hz}}$ erreichbar
  - Sperrschicht-FETs vorteilhaft bei hochohmigen Quellen
  - Gegenkopplungswiderstände so niederohmig wie möglich, damit Rauschstrom des Verstärkers möglichst kleine Rauschspannungen bewirkt
- Single-Supply-Verstärker
  - Ausgangsausteuerbarkeit bis zur negativen oder positiven Betriebsspannung
  - z.T. Stromaufnahme im pA-Bereich
  - besonders für Batteriebetrieb (kein Ausschalter erforderlich)
  - Nachteil: kleine Bandbreite und niedrige Slew-Rate
- Rail-to-Rail-Verstärker

  - Aussteuerbarkeit bis zur Betriebsspannung am Ausgang **und** am Eingang
  - besonders für niedrige Betriebsspannungen (Angabe der minimalen Betriebsspannung notwendig)

- Hohe Ausgangsspannung
  - in Si-Technologie wenige OPVs mit hoher Ausgangsspannung verfügbar
  - in Si-Technologie Realisierung in Form von aufwendigen und teuren Hybridschaltungen

- Hoher Ausgangsstrom
  - bei großen Ausgangsströmen große Verlustleistungen
  - möglichst niedrige Betriebsspannungen wegen Wärmeentwicklung
  - gute Kühlung erforderlich (Limitierung der Si-Technologie)
  - Nachteil: in der Regel geringe Bandbreite und niedrige Slew-Rate
  - nur Hybridschaltungen für Bestwerte

- Hohe Bandbreite
  - meist VV-Operationsverstärker
  - Nachteil: meist schlechte Gleichspannungsdaten (hohe Offsetspannung, hoher Eingangsruhestrom, niedrige Differenzverstärkung und hohe Stromaufnahme)
  - Nachteil: meist nur niedrige Betriebsspannungen (max. 15 V) (gute Hochfrequenztransistoren in Si-Technologie nur für niedrige Versorgungsspannungen geeignet)

- CV-Operationsverstärker
  - bei gleicher Technologie und Stromaufnahme höhere Slew-Rate und Leistungsbandbreite als vergleichbare VV-Operationsverstärker
  - lediglich ohmsche Gegenkopplungen möglich
  - für hohe Bandbreiten große Betriebsströme erforderlich
  - für Begrenzung der Verlustleistung niedrige Betriebsspannungen ≤ 5 V
  - maximale Ausgangsströme durchweg größer als 20 mA
  - Modelle mit besonders hohen Ausgangsströmen verfügbar

- VC-Operationsverstärker
  - für heutige Verhältnisse zu niedrige Bandbreite und zu kleine Ausgangsströme
  - Transkonduktanz (Steilheit) mit externem Widerstand einstellbar
  - Betrieb mit reiner Stromgegenkopplung möglich
  - Stromaufnahme (maximaler Ausgangsstrom) mit externem Widerstand einstellbar

- CC-Operationsverstärker
  - vielseitig einsetzbar mit hohen Bandbreiten
  - selten eingesetzt, da Denken in Strömen wenig verbreitet
  - Ruhestrom mit externen Widerstand einstellbar

In den Vergleichstabellen, die z.B. in [TiS02] zu finden sind, oder auch in den Katalogen von Distributoren elektronischer Komponenten (z.B. `http://de.farnell.com`) kann man die folgenden Eigenschaften ablesen und zum Vergleich heranziehen:

- Genauigkeit bei Gleichspannungen am Eingang: Offsetspannung und Eingangsruhestrom
- Tauglichkeit für hohe Frequenzen: Verstärkungs-Bandbreite-Produkt (Bandbreite des Verstärkers bei einer Verstärkung von 0 dB) und die Slew-Rate
- Spannungsbelastbarkeit: minimale und maximale Versorgungsspannung

  Die maximale Gleichtakt- und Ausgangsspannung liegt bei normalen Operationsverstärkern betragsmäßig typischerweise um etwa 1 V unterhalb der höchsten zulässige Versorgungsspannung. Eine Ausnahme bilden die Single-Supply-Typen, deren Aussteuerbarkeit bis zur negativen Betriebsspannung reicht, und die Rail-to-Rail-Verstärker, die beide Versorgungsspannungen erreichen können. Bei niedrigen Versorgungsspannungen ist diese Eigenschaft besonders wichtig.
- Ausgangsbelastbarkeit: Ausgangsstrom

Häufig ist nicht nur ein einziger Operationsverstärker in einem Gehäuse untergebracht, sondern zwei oder vier Verstärker. Es ist daher darauf zu achten, ob die angegebenen Maximalwerte für einen Operationsverstärker oder für alle im Gehäuse eingebauten zusammen gelten.

3.2 Eigenschaften der aktuell marktverfügbaren Operationsverstärker

Bei der Durchsicht der Vergleichstabellen in [TiS02] fällt auf, dass die meisten Operationsverstärker nur in einer oder maximal zwei Eigenschaften besonders gute Daten zeigen. Man findet z.B. - gemäß der obigen Auflistung - Typen, die besonders geringe Offsetspannungen und Ruheströme haben und somit sehr genau sind, aber nur geringe Bandbreiten und kleine Slew-Rates sowie weder hohe Versorgungsspannung noch hohe Ausgangsströme aufweisen.

In der folgenden Tabelle sind beispielhaft einige besonders herausragende Typen - allesamt in Si-Technologie - zusammengestellt. Bis auf das Modell PA107 der Firma APEX spiegelt die Tabelle das eben beschriebene Bild wieder, dass die OPVs nicht in allen Bereichen gute Eigenschaften zeigen:

- OPA847 und THS4509 (beide von Texas Instruments) sind sehr schnell, mit hoher Bandbreite und hoher Slew-Rate, aber geringer maximaler Betriebsspannung und geringem Ausgangsstrom.
- PA240 und PA85 (beide von APEX) weisen hohe maximale Betriebsspannungen auf, aber dafür sind die restlichen Daten eher durchschnittlich.
- PA17 (von APEX) weist sowohl eine hohe maximale Betriebsspannung als auch einen hohen Ausgangsstrom auf, die restlichen Daten sind aber durchschnittlich.
- PA107 (von APEX) ist der einzige marktverfügbare Operationsverstärker, der in allen vier Kategorien gute Daten zeigt, allerdings mit einer sehr aufwendigen hybriden Schaltung, was sich in einem hohen Preis von ca. 300 Euro pro Stück niederschlägt.

In Abb. 3.1 sind die Daten aus der Tabelle nochmals graphisch dargestellt. Man sieht, dass nur PA107 in allen Bereich gute Eigenschaften zeigt und somit hier die aus der Verbindung der vier Datenpunkte resultierende Fläche in der Form einem Quadrat vergleichsweise am nächsten kommt.

Parameter \ Typ	OPA847	THS4509	PA240	PA85	LM12	PA17	PA107
Verst.-Bandbr.-Produkt (MHz)	3800	1900	1,8	100	0,7	2	180
Betriebsspannung (V)	5	5	350	1200	60	200	180
Ausgangsstrom (mA)	75	37,7	60	75	10000	50000	1500
Slew-Rate (V/μs)	950	6600	8	16	9	50	3000

Tabelle 3.1: *Vergleich ausgewählter Leistungsdaten von aktuell marktverfügbaren Si-basierten OPVs*

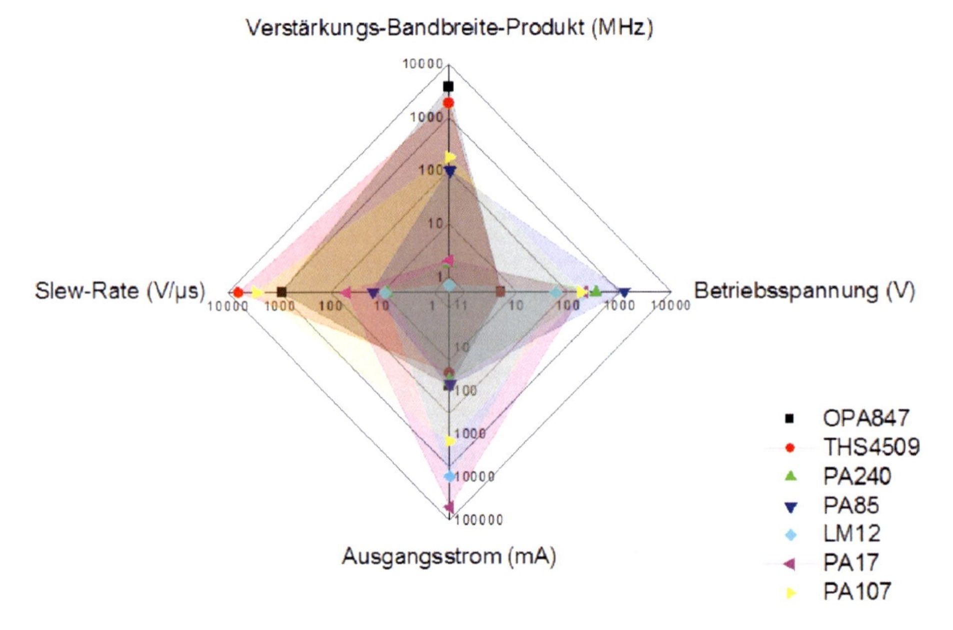

Abbildung 3.1: *Vergleich ausgewählter Leistungsdaten von aktuell marktverfügbaren Si-basierten OPVs*

3.3 Anwendungsgebiete für Hochleistungsoperationsverstärker

Ziel dieser Studie ist die Konzipierung eines Hochvolt-Operationsverstärkers auf Si-Substrat unter Verwendung von GaN-Feldeffekttransistoren. Es ist - zumindest theoretisch - zu zeigen, dass solche Operationsverstärker mit Hilfe von GaN einfacher und mit verbesserten Eigenschaften im Vergleich zu derzeit marktverfügbaren Hochleistungsoperationsverstärkern zu realisieren sind. Derzeit werden solche OPVs überwiegend von der Firma APEX angeboten, darunter auch deren Spitzenprodukt PA107 (zum Zeitpunkt der Erstellung dieses Buches). Auf den Internetseiten der Firma APEX kann man Informationen darüber finden, in welchen Anwendungen Hochleistungsoperationsverstärker zum Einsatz kommen (siehe `http://www.apexanalog.com/applications`). In Tab. 3.2 sind diese zusammengefasst. Man sieht, dass es im Wesentlichen vier Anwendungsbereiche gibt:

- Verteidigung und Weltraum
- Industrie
- Medizintechnik
- Halbleiterfertigung

Betrachtet man die Einsatzgebiete näher, so gibt es gemäß Tabelle 3.2 sechs verschiedene:

(a) Treiber für bürstenlosen DC-Motor

(b) Schneller Hochspannungstreiber

(c) Treiber für Piezoelement

(d) Programmierbare Stromquelle für Ventilsteuerung

(e) Elektromagnetische Strahlablenkung

(f) Programmierbare Hochspannungs- und Starkstromquelle

Es fällt auf, dass überwiegend zwei Hochleistungseigenschaften gefordert sind, wobei entsprechend der obigen Ausführungen die Kombination hohe Ausgangsspannung und hohe Slew-Rate bzw. Bandbreite schwierig mit Si-Technologie zu realisieren ist. Noch schwieriger ist jedoch die technische Umsetzung im Fall der drei geforderten Eigenschaften hoher Ausgangsstrom, hohe Ausgangsspannung und hohe Slew-Rate. Für diese Anforderung gibt es selbst im Portfolio von APEX relativ wenige Produkte, die ihr gerecht werden. Jedoch ist besonders für die Anwendung für die elektromagnetische Strahlablenkung neben hoher Ausgangsspannung und hohem Ausgangsstrom die Schnelligkeit von großer Bedeutung. Ähnliches gilt beispielsweise für die Anwendung zur Vibrationsauslöschung, wo besonders hohe Spannungen und sehr hohe Schnelligkeit gefordert sind. Dies zeigt, dass es durchaus einen Bedarf an Hochleistungsoperationsverstärkern gibt und die Si-Technologie hier an ihre Grenzen stößt.

In Abb. 3.2 ist zu jeder der oben aufgezählten Anwendungen beispielhaft je eine Anwendungsschaltung gezeigt, aus der die Integration des Leistungsoperationsverstärkers hervorgeht. Die Schaltbilder wurden der Seite des Herstellers APEX (`http://www.apexanalog.com`) entnommen.

Anwendungsgebiet	Anwendung	Einsatzgebiet	Anforderungen (jeweils hoch/groß)
Verteidigung und Weltraum	Stellflächenaktuatoren	Treiber für bürstenlosen DC-Motor	Ausgangsstrom, Ausgangsspannung
	Head-up Display	Schneller Hochspannungstreiber	Ausgangsspannung, Slew-Rate
	Sonar	Treiber für Piezoelement	Ausgangsspannung, Slew-Rate
	Gimbal-Positionierung	Programmierbare Stromquelle für Ventilsteuerung	Ausgangsstrom, Ausgangsspannung
	mech. Sensornachführung	Treiber für bürstenlosen DC-Motor	Ausgangsstrom, Ausgangsspannung
	Vibrationsauslöschung	Treiber für Piezoelement	Ausgangsspannung, Slew-Rate
Industrie	Tintenstrahldrucker	Treiber für Piezoelement	Ausgangsspannung, Slew-Rate
	Ventilsteuerung	Programmierbare Stromquelle für Ventilsteuerung	Ausgangsstrom, Ausgangsspannung
	Robotik	Treiber für bürstenlosen DC-Motor	Ausgangsstrom, Ausgangsspannung
Medizintechnik	Analysegeräte	Schneller Hochspannungstreiber	Ausgangsspannung, Slew-Rate
	Mikroskope	Elektromagnetische Strahlablenkung	Ausgangsstrom, Ausgangsspannung, SR
	Magnetresonanztomographie	Progammierbare Stromquelle für Ventilsteuerung	Ausgangsstrom, Ausgangsspannung
	Ultraschalltherapie	Treiber für Piezoelement	Ausgangsspannung, Slew-Rate
	Chirurgie	Treiber für Piezoelement	Ausgangsspannung, Slew-Rate
Halbleiter-fertigung	Fokussierte-Ionenstrahl-Anlagen	Elektromagnetische Strahlablenkung	Ausgangsstrom, Ausgangsspannung, SR
	Lithographiesysteme	Elektromagnetische Strahlablenkung	Ausgangsstrom, Ausgangsspannung, SR
	Drahtbonder	Programmierbare Stromquelle für Ventilsteuerung	Ausgangsstrom, Ausgangsspannung
	Inspektionssysteme	Schneller Hochspannungstreiber	Ausgangsspannung, Slew-Rate
	Testsysteme	Programmierbare Hochspannungs- und Starkstromquelle	Ausgangsstrom, Ausgangsspannung

Tabelle 3.2: *Anwendungsgebiete von Hochleistungsoperationsverstärkern (SR: Slew-Rate)*

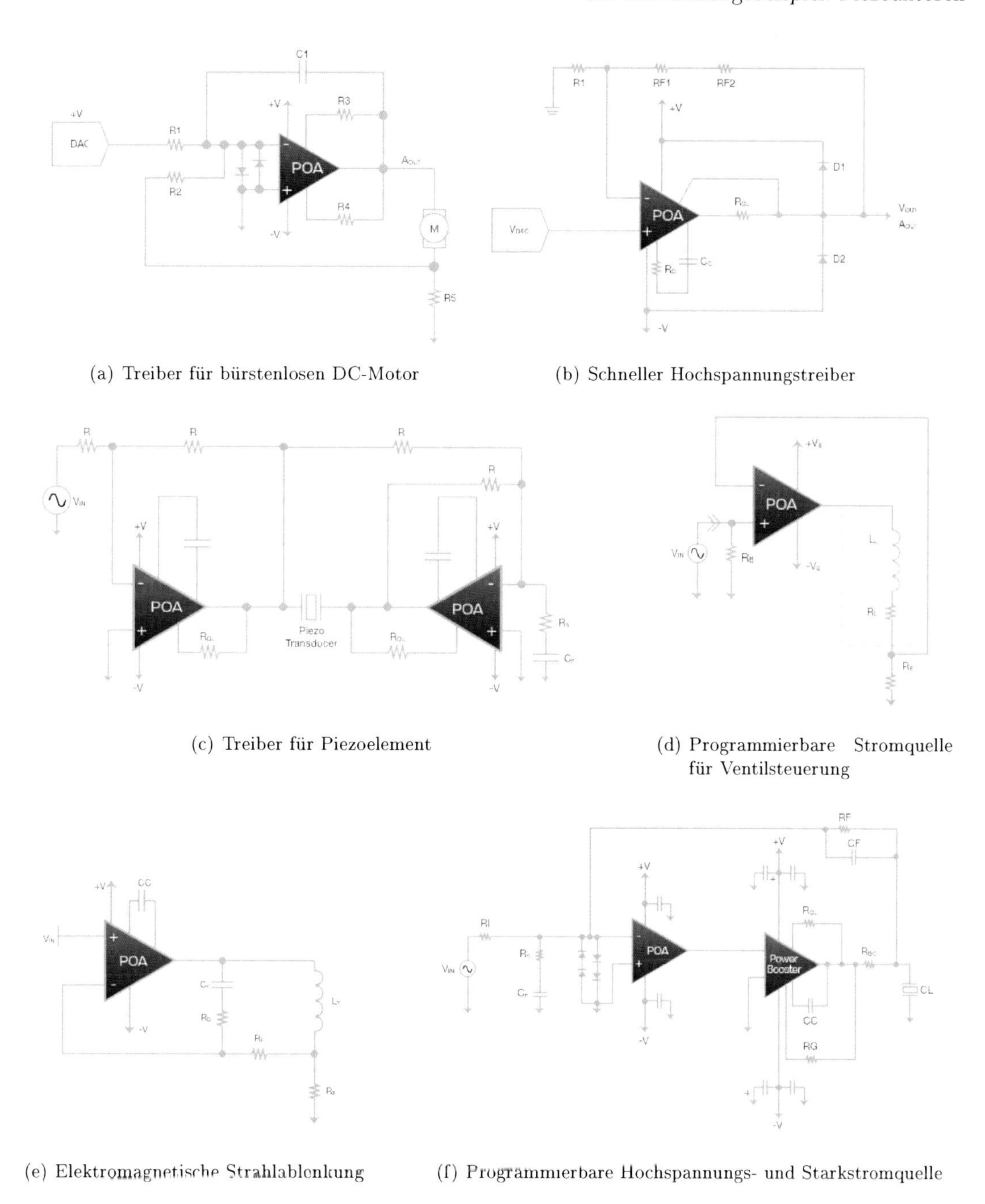

(a) Treiber für bürstenlosen DC-Motor

(b) Schneller Hochspannungstreiber

(c) Treiber für Piezoelement

(d) Programmierbare Stromquelle für Ventilsteuerung

(e) Elektromagnetische Strahlablenkung

(f) Programmierbare Hochspannungs- und Starkstromquelle

Abbildung 3.2: *Schaltungsbeispiele für die oben genannten Anwendungen für Hochleistungsoperationsverstärker (aus `http://www.apexanalog.com`)*

3.4 Anwendungsbeispiel: Piezoaktoren

3.4.1 Vibrationskontrolle

Wie oben erwähnt ist eine mögliche Anwendung von Hochvolt-Operationsverstärkern die kontrollierte Auslöschung von Vibrationen mit Piezoaktoren, in denen OPVs als Treiber eingesetzt werden. Die Anforderung ist hier ein möglichst großer Ausgangsspannungshub $\geq \pm$ 200 V, da die erreichbare Auslenkung des Piezoaktors proportional zur angelegten Spannung ist [Wan06].

Die Anforderungen an Bandbreite und Slew-Rate hängen von dem System ab, in dem die Vibrationskontrolle vorgenommen werden soll. Ist beispielsweise der Einsatz in den Tragflächen eines Flugzeugs vorgesehen, treten aufgrund der Trägheit der dort schwingenden Massen nur Frequenzen von einigen 100 Hz auf. In Anwendungen im Bereich der Mikrorobotik können allerdings weitaus höhere Frequenzen auftreten [Kar12], wodurch hier hohe Anforderungen an Bandbreite und Slew-Rate bestehen.

Die Vibrationskontrolle in Flugzeugen wird unter anderem benötigt, wenn man in die Tragflächen Antennen strukturintegriert einbauen möchte. Dies ist insbesondere deshalb interessant, um nicht den Luftwiderstand durch extern angebrachte Antennen zu vergrößern und im militärischen Bereich zur Verringerung des Radarrückstreuquerschnitts. Das Antennendiagramm, d.h. das charakteristische richtungsabhängige Verhalten der Antenne im Sende- und Empfangsmodus, verändert sich mit der Änderung ihrer Form. Da das Antennendiagramm aber nur im undeformierten Zustand durch Messung bekannt, d.h. kalibriert ist, muss dieser Zustand auch während des Betriebs im Flugzeug beibehalten werden, da sonst mangels Kalibrierung das Verhalten der Antennen nicht bekannt ist. Um die definierte Form auch während des Fluges aufrecht zu erhalten, wird die Position der Antennen im Flug ständig mittels Piezoaktoren korrigiert. Ein Beispiel für die Umsetzung dieses Prinzips ist in Abb. 3.3 dargestellt.

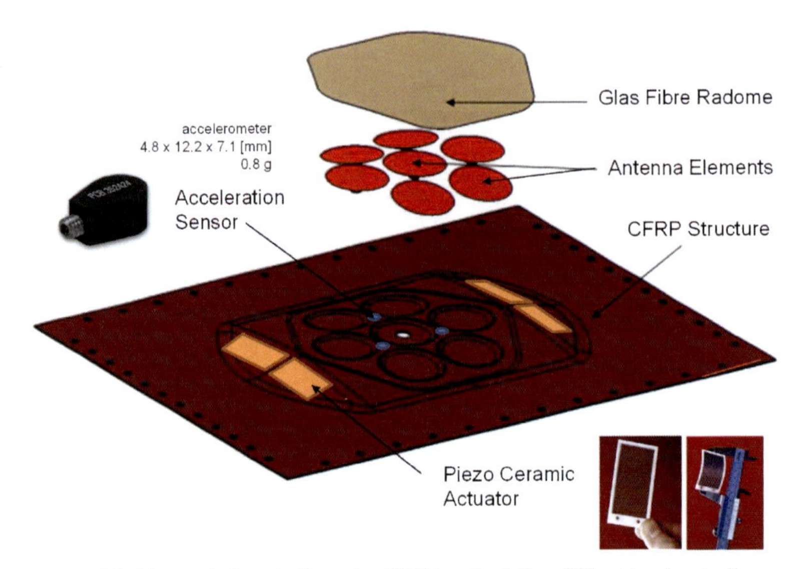

(a) Schematischer Aufbau der CRPA mit aktiver Vibrationskontrolle

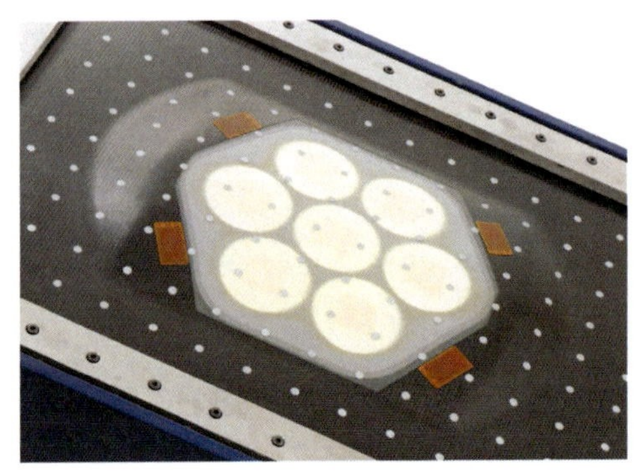

(b) Foto der realisierten CRPA

Abbildung 3.3: *Anwendungsbeispiel für schnelle Hochvolt-Operationsverstärker: Aktive Vibrationskontrolle in strukturintegrierten Antennen mit Piezoelementen (aus [Loe12] und [Kno13])*

Hier werden mittels Piezoaktoren die Antennendiagramme von sieben Antennenelementen im Empfangsmodus durch Ausgleich der Vibrationen konstant gehalten. Arbeiten an dieser Thematik werden in Europa insbesondere im EADS-Konzern, bei DLR und bei Fraunhofer FHR durchgeführt. Eine weitere Möglichkeit des Ausgleichs der Vibrationseffekte ist die Messung der Vibrationen durch Piezosensoren und die Eliminierung der störenden Einflüsse während der Signalverarbeitung unter Zuhilfenahme der digitalisierten Sensormessdaten. Dazu sind auch wiederum Hochvolt-OPVs in den Piezosensoren notwendig. [Loe12]

3.4.2 Ventilsteuerung

Eine weitere Anwendung von Piezoaktoren ist die Steuerung von Ventilen in Diesel-Motoren nach dem Pumpe-Düse-Prinzip. Hier wird nicht nur eine relativ große Auslenkung, also hohe Spannung, sondern auch eine hohe Frequenz und eine hohe Anstiegsrate benötigt. Außerdem ist jegliches Hystereseverhalten unerwünscht, d.h. hohe Präzision gefordert. Zudem ist eine möglichst weitgehende Temperaturfestigkeit erwünscht. Für die Erfüllung all dieser Anforderungen gibt es Konzepte mit CV-Operationsverstärkern, die stromgesteuert sind und so kaum Hystereseverhalten aufweisen. Allerdings wird hier neben hoher Spannung auch ein hoher Ausgangsstrom benötigt. Zusammen mit der Forderung nach hoher Bandbreite und Slew-Rate sowie Betrieb bei hohen Temperaturen wäre dies ein passendes Anwendungsgebiet für GaN-basierte Hochleistungs-OPVs, mit denen sich möglicherweise die Effizienz von Diesel-Einspritzanlagen verbessern ließe. [Doe02][Sch01]

4 Konzipierung einer Schaltung für einen Hochvolt-Operationsverstärker mit GaN-basierter Endstufe

In diesem Kapitel soll der Weg hin zu einem Konzept für einen Hochvolt-Operationsverstärker mit GaN-Endstufe aufgezeigt werden. Dazu erfolgt zunächst ein Blick in einschlägige Veröffentlichungen. Danach wird Schritt für Schritt unter Darstellung der jeweiligen Schaltung und der Simulationsergebnisse der Weg hin zur fertigen Schaltung beschrieben.

4.1 Ergebnisse der Literaturrecherche

Bei der Suche nach Literatur und Veröffentlichungen zum Thema Hochleistungsoperationsverstärker stellt man fest, dass nur sehr wenig zu finden ist. Der Grund dafür dürfte wohl sein, dass es bereits Produkte auf dem Markt gibt (s.o., überwiegend von der Firma APEX), die die Anforderungen der Anwender momentan weitgehend erfüllen. Am Beispiel einer Veröffentlichung kann man aber erkennen, wo beispielsweise die Anforderungen nicht in vollem Umfang durch die verfügbaren Produkte erfüllt werden, nämlich im Luftfahrtbereich bei der Vibrationsauslöschung mit Piezo-Aktoren. Hier bräuchte man eigentlich höhere Ausgangsspannungen und auch höhere Slew-Rates, als momentan verfügbar. Daher wurde in der Veröffentlichung aus Indien ein neues Schaltungskonzept samt Gehäuse entworfen. Dieses Konzept wird im nächsten Abschnitt näher vorgestellt werden.

Weitere Veröffentlichungen in geringer Anzahl kommen aus dem Bereich der neuen Technologien für hybride und vollelektrische Fahrzeugantriebe. Hier werden zum Einen schnelle Hochvolt-Schalter und zum Anderen hochtemperaturfähige Bauteile benötigt. Ziel ist hier die Vereinigung dieser beiden Eigenschaften. Dies wird momentan in der Forschung auf Basis von GaN in zahlreichen Projekten weltweit untersucht. Dahinter steckt ein erhebliches kommerzielles Interesse, da in den kommenden Jahren die Elektromobilität allen Vorhersagen nach ein starkes Wachstum erfahren wird und solche Bauteile als „Enabler" fungieren werden. Es gibt beispielsweise Veröffentlichungen zum Thema Hochvolt-Schalter auf GaN-Basis [Ues09] und Hochtemperatur-OPVs mit GaN-HEMTs auf Si-Substrat (Nachweis des Betriebs bis 200 °C) [Nom10]. In letzterer Veröffentlichung wurde lediglich eine rudimentäre OPV-Schaltung aufgebaut, um die Funktion auch bei hohen Temperaturen erstmals grundsätzlich zeigen zu können.

4.2 Vorstellung des Grundkonzepts

Ein Operationsverstärker besteht prinzipiell aus drei Stufen (vgl. Abb. 2.17):

1. Differenzverstärker
2. Treiberstufe
3. Endstufe

Dieser Aufbau wird auch in der Veröffentlichung [Nut08] aus Indien aufgegriffen (s. Abb. 4.1). Dabei bezeichnet *Diff Amp Stage* die differentielle Eingangsverstärkerstufe, *VAS Stage* (*Voltage*

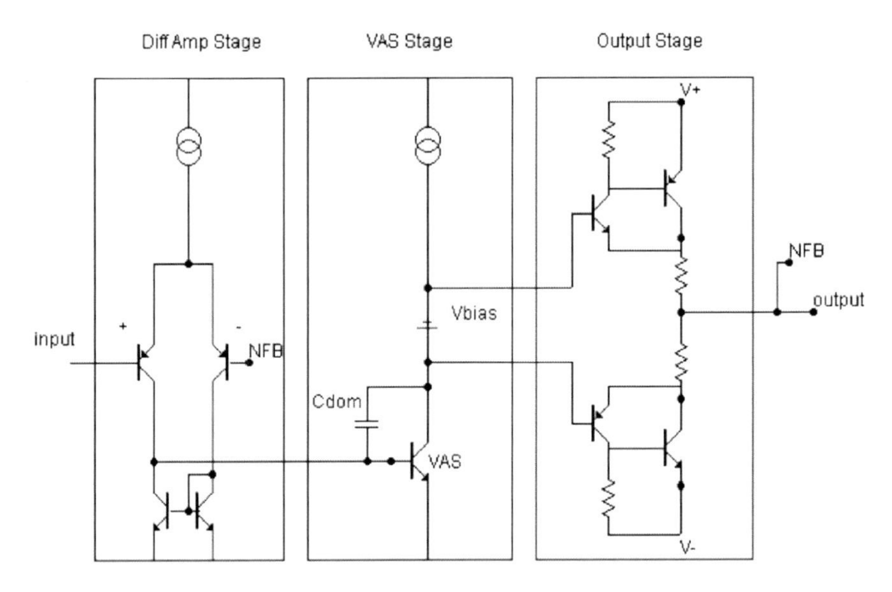

Abbildung 4.1: *Aufbau eines Leistungsoperationsverstärkers aus drei Stufen (aus [Nut08])*

Amplification Stage) die Treiberstufe und *Output Stage* die Endstufe. *NFB* steht für *Negative Feedback*.

Zur Funktionalität und Auslegung der drei Stufen für den Fall eines Hochvolt-Operationsverstärkers gibt es die folgenden Rahmenbedingungen:

1. Differenzverstärker
   - Bereitstellung eines hohen Eingangswiderstands an den Eingängen (Impedanzwandlung)
   - Einsatz von Si-basierten breitbandigen Differenzverstärkern
   - Versorgung mit Niederspannung
2. Treiberstufe
   - Sehr hohe Spannungsverstärkung
   - Einsatz von Si-basierten (Bipolar- oder Feldeffekt-)Transistoren
   - Versorgung mit Niederspannung oder Hochspannung je nach verwendetem Transistortyp
3. Endstufe
   - Kleiner Ausgangswiderstand (Impedanzwandlung)
   - Stromverstärkung (Transistoren in Kollektorschaltung)
   - moderate Spannungsverstärkung
   - Einsatz von spannungsfesten Transistoren, z.B. Si-basierte MOSFETs oder GaN-HEMTs
   - Versorgung mit Hochspannung

Abb. 4.2 zeigt das detaillierte Schaltbild des Operationsverstärkers aus [Nut08]. Man sieht, dass die Eingangsstufe aus zwei Operationsverstärkern (OPA445) besteht, wobei der erste für die Impedanzwandlung sorgt und der zweite für die Differenzverstärkung des Eingangssignals. OPA445 hat FET-Eingangstransistoren und kann bei Spannungen bis zu $\pm$ 45 V betrieben werden. Er weist eine Slew-Rate von 15 V/μs und ein GBP von 2 MHz auf. Obwohl er also nicht besonders schnell ist, hat er doch den Vorteil, dass er bei relativ hohen Spannungen betrieben werden kann und dass er durch die FET-Eingänge den Einsatz von hochimpedanten Rückkopplungsnetzwerken erlaubt, was die Ausgangsbelastung reduziert. Da die Treiberstufe und die Endstufe mit der vollen Betriebsspannung von ± 200 V beaufschlagt werden, muss die Versorgungsspannung der Eingangsspannung mit je einer Zenerdiode mit entsprechendem Spannungsabfall verringert werden. In der Treiberstufe sind hier bereits hochspannungsfeste MOSFETs (IRF340 und IRF9310) eingesetzt. Diese Stufe ist für eine DC-Spannungsverstärkung um den Faktor 14 ausgelegt und sorgt für einen Klasse AB - Betrieb der Endstufe. In der Endstufe werden die gleichen MOSFETs wie in der Treiberstufe und zusätzlich die beiden spannungsfesten Bipolartransistoren 2N2222A und 2N2907A eingesetzt. Über das Rückkopplungsnetzwerk (R1 und R16) wird eine Gesamtverstärkung vom Faktor 20 eingestellt und die Bandbreite wird auf 30 kHz begrenzt, um Oszillationen zu vermeiden. Die realisierte Schaltung weist laut den in der Veröffentlichung gezeigten Messergebnissen einen Ausgangsspannungshub von ± 185 V und eine Bandbreite von 25 kHz auf.

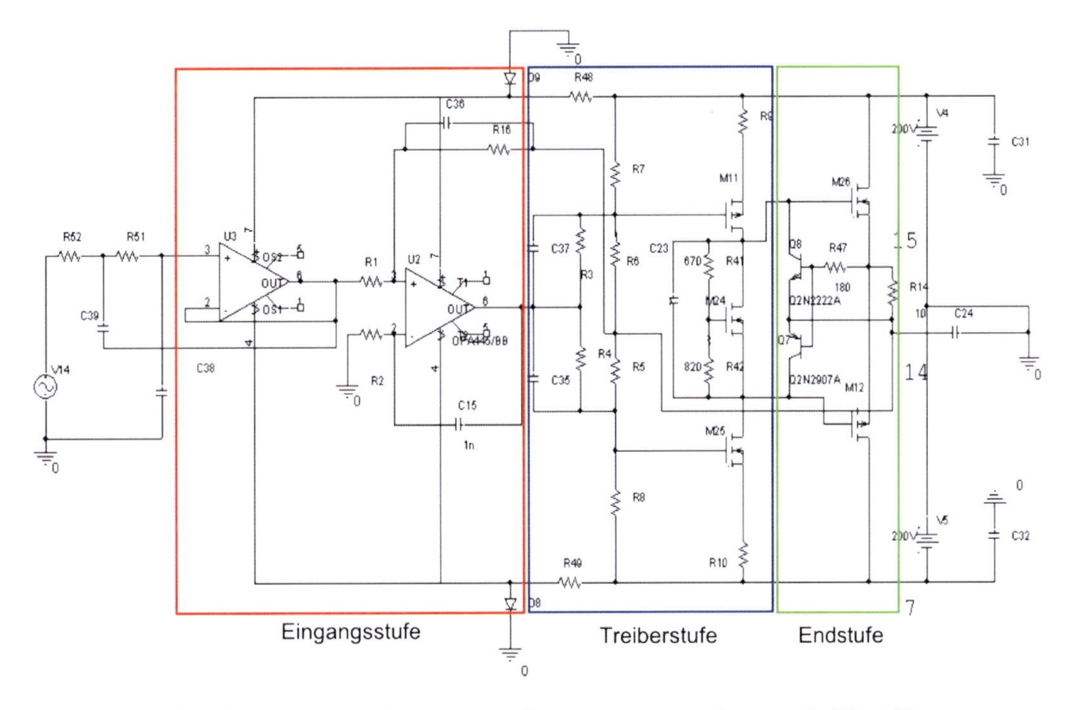

Abbildung 4.2: *Schaltbild des Operationsverstärkers nach [Nut08]*

Die Schaltung in Abb. 4.2 wurde zwar als Denkanstoß und auch als Anhaltspunkt dafür verwendet, dass man Hochvolt-Operationsverstärker auch mit relativen einfachen Schaltungskonzepten und ohne das Wissen der Hersteller realisieren kann. Allerdings ist die Schaltung in einigen Punkten zu kompliziert und erhält zu viele passive Komponenten, deren Werte erst aufwendig hätten bestimmt werden müssen. Daher wurde für diese Studie ein einfacherer Ansatz gewählt, der im nächsten Abschnitt vorgestellt werden wird.

Zur Vereinfachung wurde zur Schaltungssimulation nicht die Software ADS von der Firma Agilent verwendet, da für die Benutzung eine (sehr teure kostenpflichtige) Lizenz nötig ist. Stattdessen wurde die freie Software QUCS (**Q**uite **U**niversal **C**ircuit **S**imulator) verwendet. QUCS ist ein plattformunabhängiges quellenfreies Programm zur Schaltungssimulation, und es unterstützt analoge und digitale Bauteile sowie die Verwendung von SPICE-Modellen. Seine Bedienung ist intuitiv und daher in kurzer Zeit zu erlernen, und es bietet alle Funktionen, die im Rahmen dieser Studie benötigt werden.

Für die Realisierung, d.h. für das Layout der Leiterplatte (PCB), wurde die Standardsoftware EAGLE (**E**infach **A**nzuwendender **G**raphischer **L**ayout-**E**ditor) von der Firma CadSoft verwendet, deren nicht kostenpflichtige Version aufgrund der geringen Größe der Schaltung ausreichend ist.

4.3 Ausgangspunkt: μA741-Schaltung

Für den Aufbau der Schaltung wurde als Ausgangspunkt die Schaltung des Standard-Operationsverstärkers μA741 verwendet. Sowohl die Funktionalität der Schaltung mit all ihren Einzelanteilen als auch das Verhalten dieses Operationsverstärkers ist sehr gut untersucht und verstanden. Dadurch ist das Schaltungskonzept sehr gut nachvollziehbar und kann auch leicht modifiziert werden. In den nachfolgenden Abschnitten wird die μA741-Schaltung nun in mehreren Schritten so modifiziert werden, dass eine Endstufe mit GaN-HEMTs integriert werden und mit hoher Spannung betrieben werden kann. Denn die Vorteile von GaN, insbesondere die hohe Spannungs- und Strombelastbarkeit, können am ehesten in der Endstufe zum Tragen kommen; breitbandige Differenzverstärker und Transistoren für die Treiberstufe sind in großer Auswahl und hoher Güte auf Si-Basis verfügbar. Diese müssen auch nicht hohe Spannungen und Ströme tolerieren können. Daher ist es in einem ersten Schritt vertretbar, GaN nur in der Endstufe einzusetzen und den Rest der Schaltung Si-basiert zu belassen. Ein Ausblick auf eine mögliche Fortentwicklung der Schaltung wird am Ende des Buches gegeben werden.

Zunächst sei wie schon in Abb. 2.18 nochmals die μA741 abgebildet, die als erster Schritt in QUCS nachgezeichnet wurde, was gleichzeitig auch der Einstieg in die Bedienung der Software war und erste Einblicke in die Funktionsweise eines Schaltungssimulators gab. Zusätzlich zur Abb. 2.18 ist hier noch die Versorgung der Eingänge und der Verbraucher am Ausgang mit eingezeichnet. Am (invertierenden) Eingang wurde bei dieser und den folgenden Schaltungen in diesem Kapitel jeweils eine Sinus-Quelle mit einer Frequenz von 2 kHz angeschlossen. Für jede der im Folgenden gezeigten Schaltungen wurde jeweils eine Transienten-, DC- und AC-Simulation durchgeführt.

Die Transistoren sind allesamt - wie in der Originalschaltung vorgegeben, vom Bipolartyp. Allerdings wurde hier jeweils das von QUCS vorgegebene vereinfachte Standardmodell für die Transistoren beibehalten, anstatt Modelle realer Transistoren einzusetzen. Auch in der Schaltung markiert und beschriftet sind die einzelnen Funktionsgruppen:

- die Konstantstromquelle am Eingang zur Versorgung des OPVs über die Stromspiegel
- der differentielle Eingangsverstärker mit invertierendem und nichtinvertierendem Eingang
- der Treiberverstärker zur Spannungsverstärkung und mit Kondensator zur Unterdrückung von Oszillationen
- die Schaltung zur Erzeugung der Vorspannung für die Endstufentransistoren
- eine Schutzschaltung für den Fall eines Kurzschlusses am Ausgang
- die Endstufe

Dem Schaltbild kann man entnehmen, dass es sich um einen invertierenden Verstärker handelt, die Eingangsspannung an den invertierenden Eingang und der nichtinvertierende Eingang über einen Widerstand an Masse angeschlossen ist. Die Versorgungsspannung ist entsprechend der Spezifikation des μA741 zu $\pm$ 15 V gewählt worden. Die Stufe zur Erzeugung der Vorspannung sorgt in diesem Fall für Klasse AB - Betrieb. Durch die Kapazität (C_1) in der Treiberstufe werden wie erwähnt Oszillationen unterdrückt (sogenannte Miller-Kompensation), aber es wird auch die Bandbreite nach oben hin begrenzt.

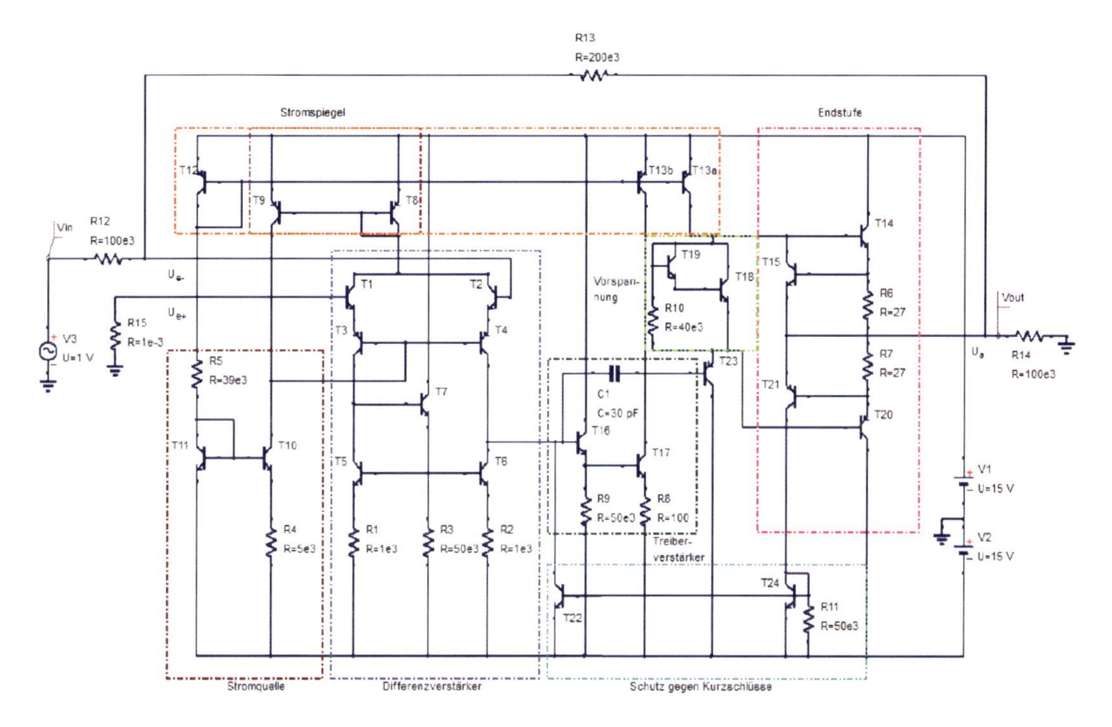

Abbildung 4.3: *In QUCS umgesetztes Schaltbild des Operationsverstärkers μA741 mit Anschlüssen für Ein- und Ausgangsstufen*

Wie bereits weiter oben ausgeführt wurde, wird die Gesamtverstärkung durch die Dimensionierung des Rückkopplungszweigs festgelegt. Demzufolge kann man aus dem Schaltbild gemäß Gleichung (2.18) ablesen

$$A = \frac{U_a}{U_e} = -\frac{R_f}{R_e} = -\frac{R_{13}}{R_{12}} = -\frac{200k\Omega}{100k\Omega} = -2 \qquad (4.1)$$

Die Gesamtverstärkung ist hier also betragsmäßig 2. Sieht man sich das Simulationsverhalten in Abb. 4.4 an, dann kann man genau diesen Wert für die Verstärkung ablesen.

Man erkennt auch den invertierenden Charakter aus der Abbildung oben links. Betrachtet man das Verhalten der Ausgangsspannung unten links, dann sieht man, dass sie ab einer Frequenz von 10 kHz beginnt abzufallen. Dieses Verhalten erklärt sich durch einen Blick auf den Verlauf der Verstärkung im rechten oberen Bild. Diese ist bei 50 kHz bereits auf 0 dB abgefallen. Wie der Verlauf der Phase im rechten unteren Bild zeigt, beträgt ihr Wert am Nulldurchgang der Verstärkung immer noch etwa 130°. Für einen stabilen Betrieb erforderlich ist eine Phasenreserve von 90°. D.h. der Operationsverstärker ist über den ganzen Arbeitsbereich stabil, und es treten keine Oszillationen auf.

4.4 Ersetzen der Komplementär-Endstufe durch eine Quasikomplementär-Endstufe

Da zum Zeitpunkt der Durchführung dieser Studie nur GaN-basierte Transistoren vom n-Typ verfügbar waren, war der nächste Schritt, in der Endstufe die komplementären Transistoren durch zwei n-Typ-Transistoren zu ersetzen. Dazu gibt es beispielsweise in [TiS02] Vorschläge, wie eine solche, quasikomplementär genannte Endstufe aufgebaut werden kann. In Abb. 4.5 ist nochmals die μA741-Schaltung gezeigt, allerdings mit modifizierter, jetzt quasikomplementärer Endstufe

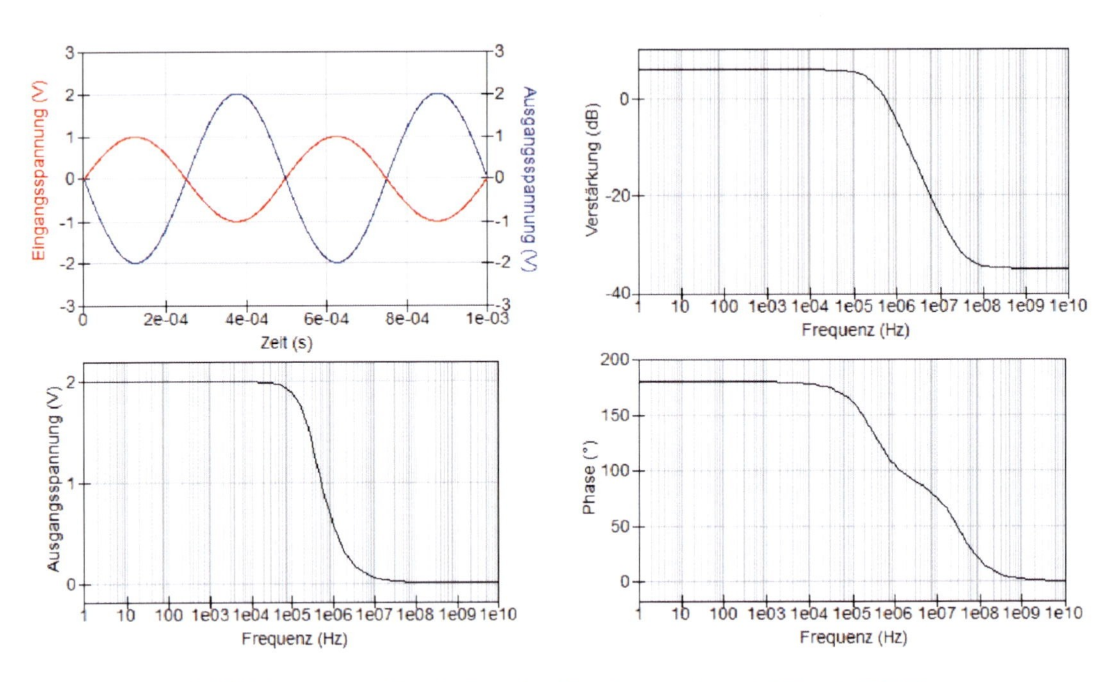

Abbildung 4.4: *Ergebnisse der Simulation der μA741 mit QUCS*

(rot umrandet). Der Rest der Schaltung ist identisch mit der Original-μA741-Schaltung wie in Abb. 4.3 gezeigt.

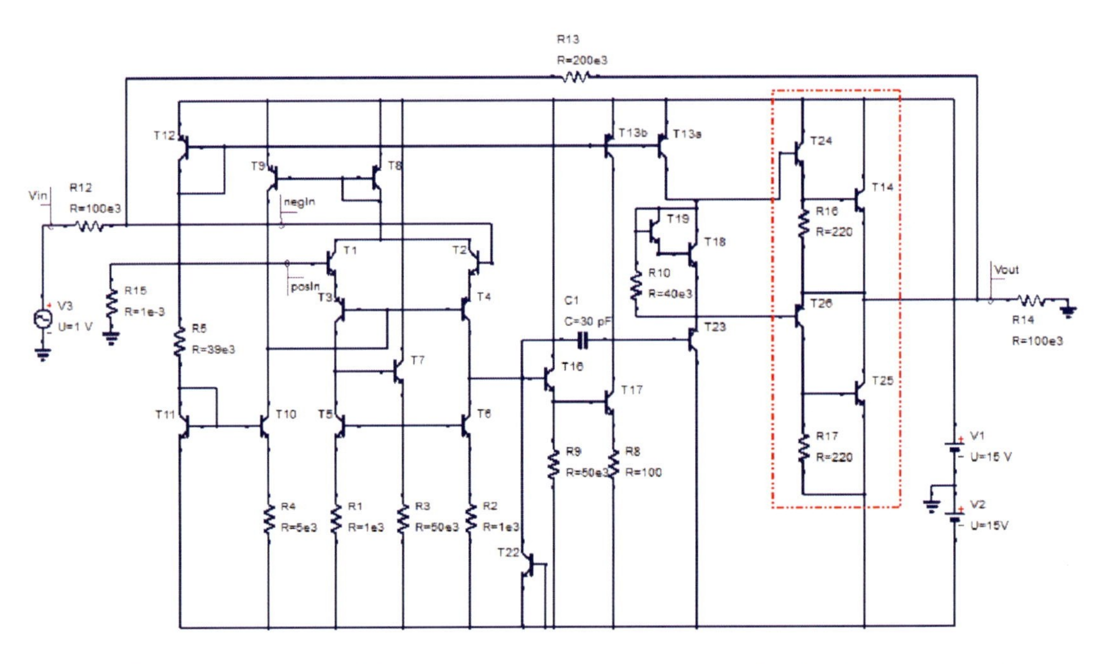

Abbildung 4.5: *μA741-Schaltung mit quasikomplementärer Endstufe (rot umrandet)*

Betrachtet man die Ergebnisse der Simulation, die in Abb. 4.6 dargestellt sind, dann erkennt man keine Unterschiede zur ursprünglichen Version mit komplementärer Endstufe, d.h. Verstärkung, Bandbreite und Phasenverlauf sind identisch. Daraus lässt sich schließen, dass die Modifikation der Endstufe wie hier vorgenommen möglich ist, ohne Abstriche bei der Bandbreite oder bei der Stabilität in Kauf nehmen zu müssen.

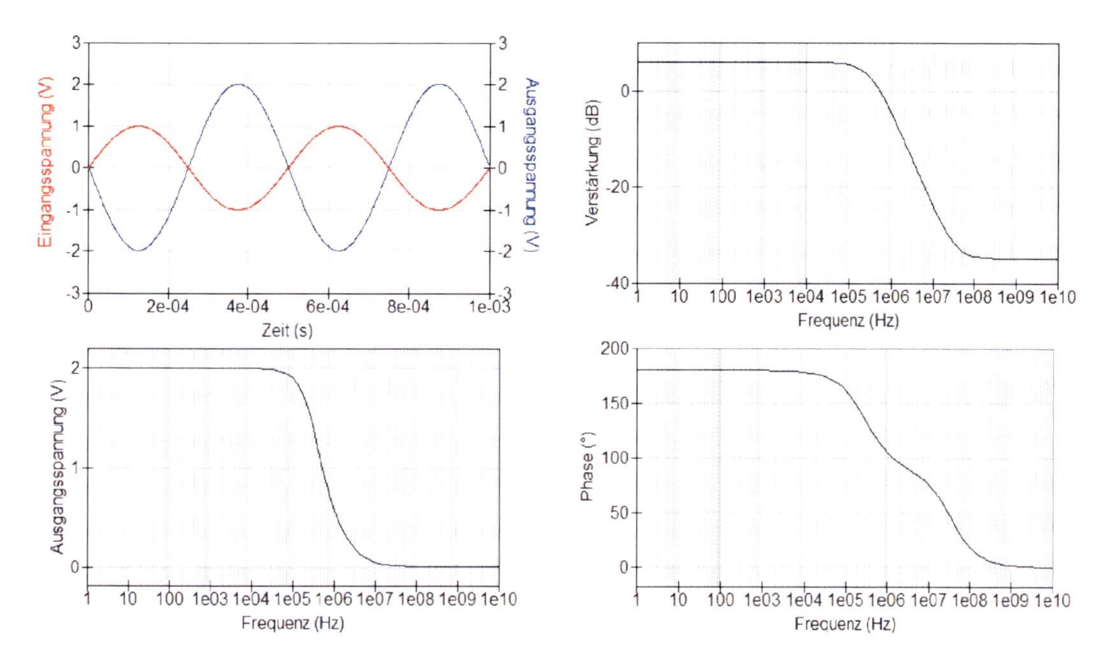

Abbildung 4.6: *Ergebnisse der Simulation der µA741-Schaltung mit quasikomplementärer Endstufe*

4.5 Einsatz eines marktverfügbaren breitbandigen Operationsverstärkers als Eingangsstufe

Im nächsten Schritt wird nun in der Schaltung der aus einzelnen Bipolartransistoren aufgebaute differentielle Eingangsverstärker durch einen kompletten marktverfügbaren breitbandigen Operationsverstärker ersetzt. Auswahlkriterium war eine möglichst hohe Bandbreite und eine möglichst hohe Slew-Rate, um das Hochfrequenzverhalten der Gesamtschaltung nicht schon am Eingang zu limitieren. Gemäß Tab. 3.1 bzw. Abb. 3.1 fiel dabei die Wahl zunächst auf das Modell THS4509 von Texas Instruments, da es sowohl eine hohe Bandbreite als auch eine sehr große Slew-Rate bietet. Allerdings kann dieser Verstärker nur bis zu einer Betriebsspannung von ± 5 V betrieben werden, er ist volldifferentiell, hat also auch zwei Ausgänge, was für diese Studie nicht erforderlich ist und er wird in einem QFN-16-Gehäuse ausgeliefert, das sich nur schwer auf eine Leiterplatte montieren lässt. Daher wurde als Alternative zusätzlich das Modell THS3001 (ebenfalls von Texas Instruments) ausgesucht, das auch eine hohe Bandbreite aufweist und THS4509 in der Slew-Rate ebenbürtig ist. Ein Vorteil von THS3001 ist der einfache Ausgang, da hier keine Unwägbarkeiten wegen des nicht terminierten unbenutzten Anschlusses auftreten können. Außerdem ist hier die maximale Betriebsspannung höher (± 16 V), und durch die etwas niedrigere Bandbreite verringert sich erfahrungsgemäß die Wahrscheinlichkeit des Auftretens von Oszillationen, d.h. es ist mit einer höheren Stabilität zu rechnen. Überdies wird THS3001 in einem SOIC-Gehäuse ausgeliefert, das sich einfacher auf eine Leiterplatte montieren lässt. In Tab. 4.1 sind die Leistungsdaten der beiden verwendeten Operationsverstärker zusammengestellt.

Durch den Einsatz eines fertigen Operationsverstärkers am Eingang konnte auch die Treiberstufe - die beiden Operationsverstärker erzeugen jeweils eine Verstärkung von 6 dB - sowie ein Teil des Stromspiegels weggelassen werden. Außerdem wurde die Schutzschaltung gegen Kurzschlüsse weggelassen, da diese für die Betriebssituation für Testzwecke im Rahmen dieser Studie nicht relevant ist und die Schaltung nur unnötig verkompliziert. Mit diesen Modifikationen resultiert eine Schaltung, wie in Abb. 4.7 mit THS4509 und in Abb. 4.9 mit THS3001 gezeigt. Die eingesetzten Operationsverstärker am Eingang sind jeweils zur leichteren Erkennbarkeit der

Parameter / Typ	THS4509	THS3001
Verst.-Bandbr.-Produkt (MHz)	1900	420
Betriebsspannung (V)	± 5	± 16
Ausgangsstrom (mA)	37,7	120
Slew-Rate (V/μs)	6600	6500

Tabelle 4.1: *Vergleich der Leistungsdaten der beiden eingesetzten Operationsverstärker THS4509 und THS3001*

Modifikation mit einem roten Rahmen versehen.

In der Schaltung mit THS4509 (Abb. 4.7) musste sowohl die Betriebsspannung entsprechend der Spezifikation (auf ± 4 V gesetzt), als auch die Eingangsspannung (auf 0,2 V gesetzt) angepasst werden, um keine Übersteuerung zu verursachen.

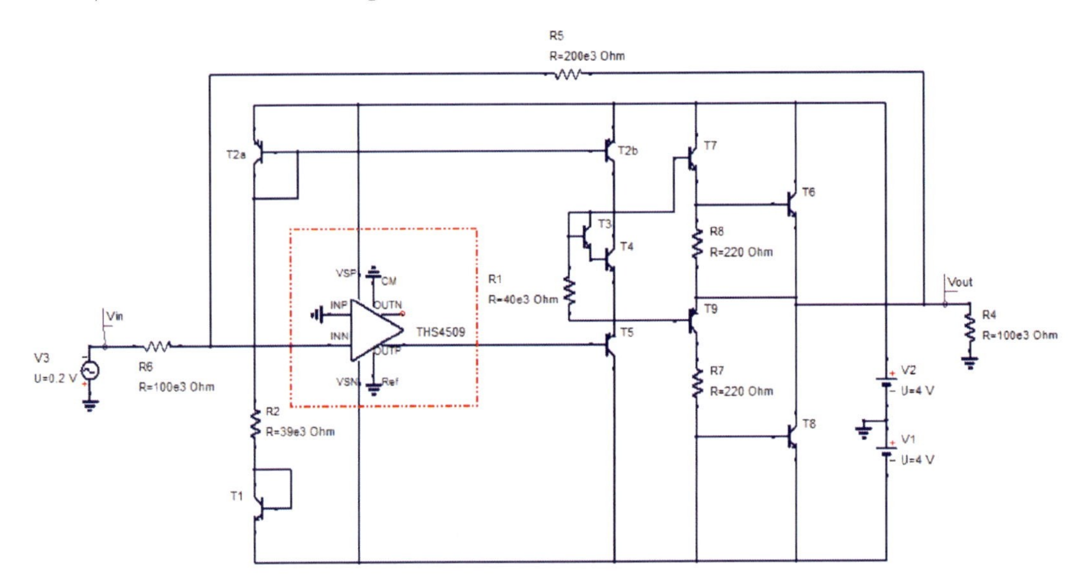

Abbildung 4.7: *Vereinfachte μA741-Schaltung mit quasikomplementärer Endstufe und THS4509 als Eingangsdifferenzverstärker (rot umrandet)*

Der negative Ausgang des THS4509 wurde hier einfach offen gelassen, da dies laut Datenblatt die beste Variante ist, wenn der Ausgang ungenutzt bleibt. Als Modell wurde hier das SPICE-Modell verwendet, dass auf der Produktseite von Texas Instruments bereitgestellt wird und in QUCS eingebunden wurde.

Sieht man sich die Simulationsergebnisse dieser Schaltung an (siehe Abb. 4.8), dann fällt sofort die Resonanz im Verlauf der Ausgangsspannung als Funktion der Frequenz (Bild links unten) und - weniger ausgeprägt - im Verlauf der Verstärkung auf. Das Verhalten von Eingangs- und Ausgangsspannung entspricht den Erwartungen für einen invertierenden Verstärker mit einer Gesamtverstärkung um den Faktor 2. Das Resonanzverhalten ist wie oben bereits angesprochen nicht überraschend. Die Resonanz in der Ausgangsspannung liegt bei etwa 50 MHz, also weit unterhalb der spezifizierten Bandbreite des Operationsverstärkers (1,9 GHz), was dem Einfluss der Gesamtschaltung mit Rückkopplung geschuldet ist. An der gleichen Stelle wie bei der Ausgangsspannung tritt auch eine (weniger ausgeprägte) Resonanz im Verlauf der Verstärkung auf (rechtes oberes Bild). Die Verstärkung fällt ab auf 0 dB bei einer Frequenz von 100 MHz. Liest man den Wert der Phase bei 100 MHz ab, dann stellt man fest, dass deren Wert hier 0° ist. Allerdings fällt der Wert der Phase in diesem Bereich stark ab, so dass bis zum Erreichen der

Resonanzfrequenz von 50 MHz die Phasenreserve noch ausreichend groß ist und daher mit stabilem Verhalten des Verstärkers gerechnet werden kann. Die Resonanz kann mit relativ einfachen Mitteln beseitigt werden, beispielsweise indem man parallel zum Rückkopplungswiderstand eine Kapazität einfügt. Tests mit diesem Verfahren, die an dieser Stelle aus Platzgründen nicht mit Abbildungen illustriert werden können, haben ergeben, dass bereits sehr kleine Kapazitäten im Bereich unter 1 pF ausreichen, um die Resonanz in der Simulation zu unterdrücken. Da aber diskrete Kondensatoren mit einer Kapazität unter 1 pF nicht verfügbar sind und auf einer Leiterplatte ohnehin mit parasitären Kapazitäten zu rechnen ist, die betragsmäßig weit oberhalb von 1 pF liegen, ist in der hier zutage getretenen Resonanz zunächst kein großes Problem zu sehen, zumal aufbaubedingt keine Bandbreiten von über 1 MHz bei den Messungen erwartet werden können.

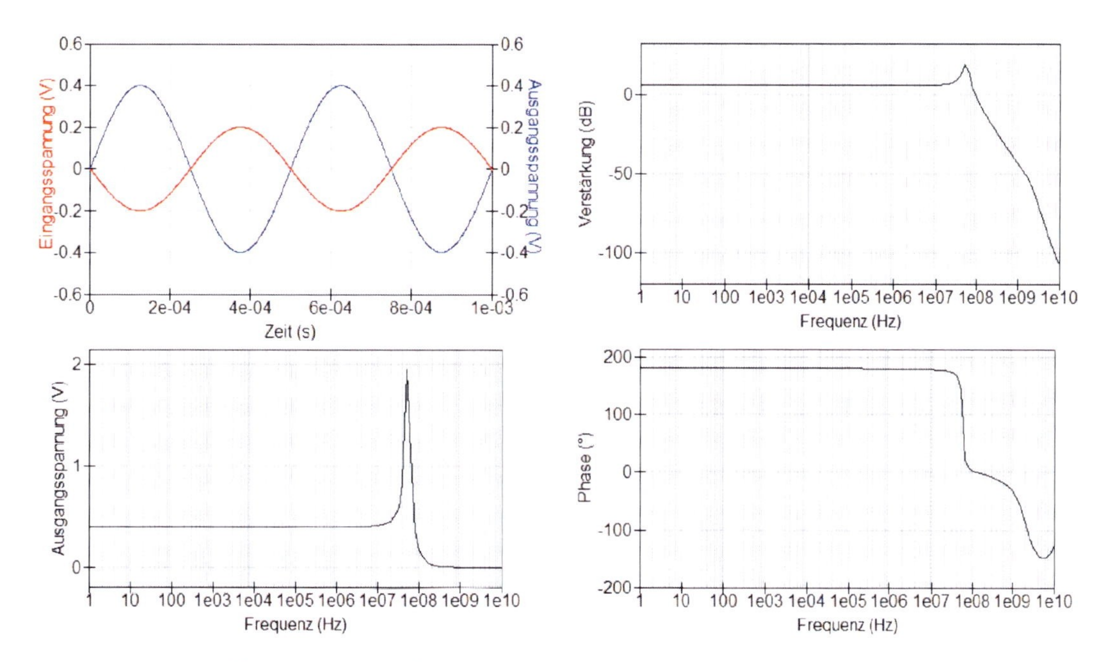

Abbildung 4.8: *Ergebnisse der Simulation der μA741-Schaltung mit quasikomplementärer Endstufe und THS4509 als Eingangsdifferenzverstärker*

Setzt man anstatt des THS4509 den THS3001 in die Schaltung ein, dann sind einige Veränderungen notwendig, wie in Abb. 4.9 zu sehen ist.

Als Modell für den THS3001 wurde hier ebenfalls das auf der Herstellerseite angebotene verwendet. Zum Einen musste hier im Vergleich zur Schaltung in Abb. 4.7 die Betriebsspannung entsprechend der Spezifikation auf ± 15 V und die Eingangsspannung auf 1 V angehoben werden und zum Anderen entfällt hier die Problematik mit dem zweiten Ausgang.

Betrachtet man die Simulationsergebnisse in Abb. 4.10, dann stellt man fest, dass hier keine Resonanz auftritt, wie schon bei der Auswahl dieses Operationsverstärkers gemutmaßt wurde.

Die maximale Ausgangsspannung ist nur das 1,93-fache der Eingangsspannung und nicht exakt das zweifache, was 2 V wären. Dementsprechend ist die Verstärkung der Schaltung auch nicht 6 dB, sondern nur 5,64 dB. Der Grund für dieses Verhalten konnte leider nicht gefunden werden. Als Ursache vermutet werden kann ein Effekt der Simulation im Zusammenspiel mit dem Modell für den THS3001. Die Ausgangsspannung (Bild links unten) fällt hier bereits ab 30 kHz ab, die Verstärkung sinkt bei 1 MHz auf 0 dB, wo die Phase noch den Wert 125° hat. Dies erklärt auch das stabile Verhalten dieser Schaltung ohne Schwingungsneigung.

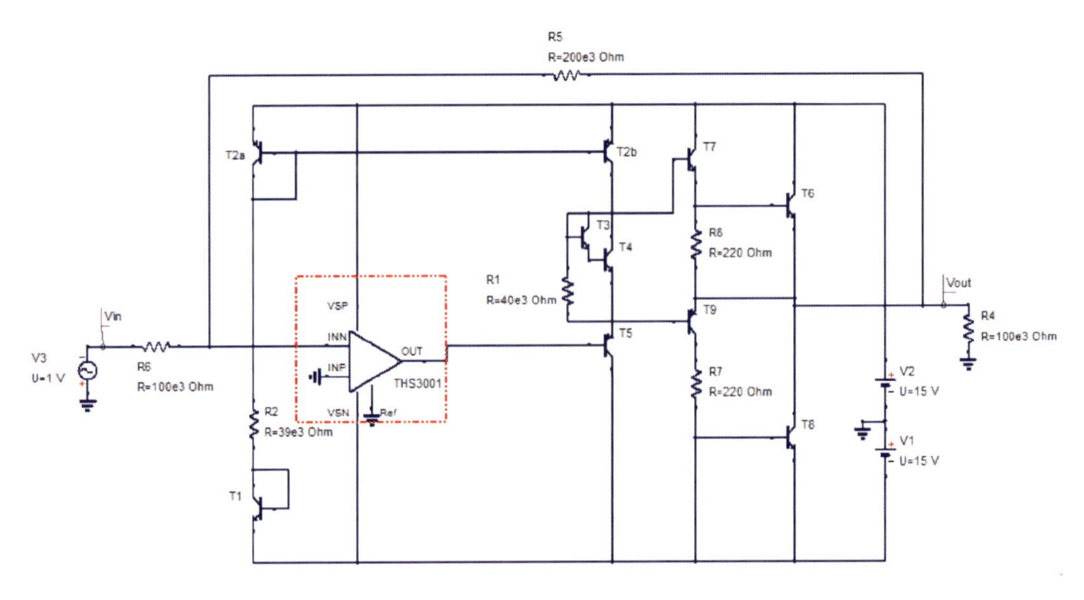

Abbildung 4.9: *Vereinfachte µA741-Schaltung mit quasikomplementärer Endstufe und THS3001 als Eingangsdifferenzverstärker (rot umrandet)*

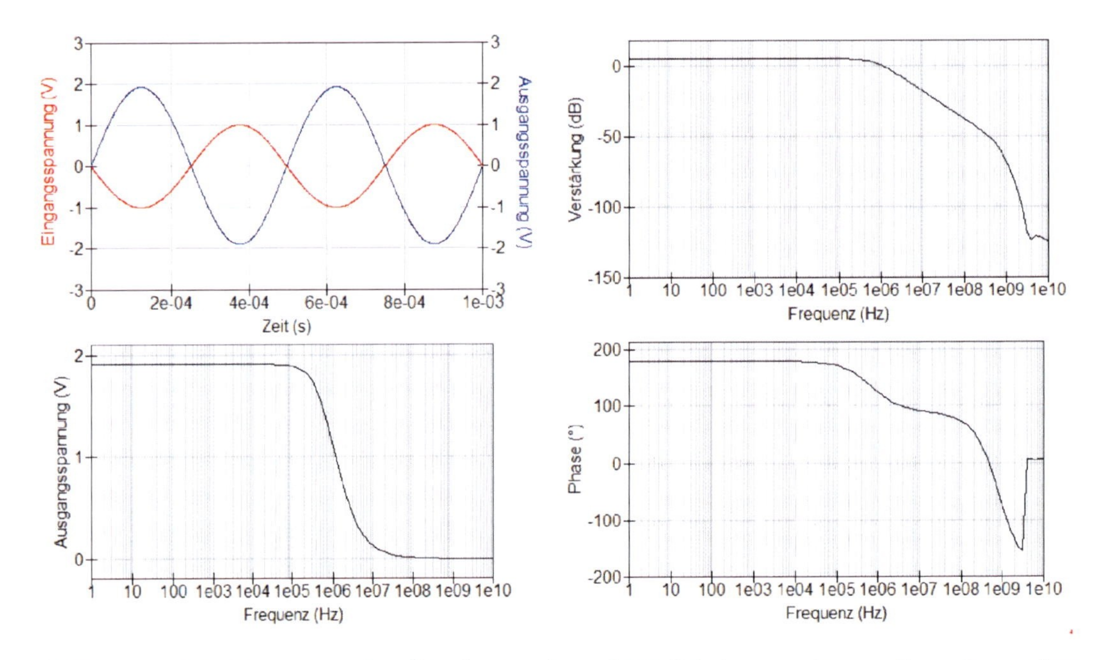

Abbildung 4.10: *Ergebnisse der Simulation der µA741-Schaltung mit quasikomplementärer Endstufe und THS3001 als Eingangsdifferenzverstärker*

4.6 Einsetzen von GaN-HEMTs in der Endstufe

Da nun nach den bisherigen Modifikationen simulativ gezeigt wurde, dass sie sich nicht nachteilig auf das Verhalten der Gesamtschaltung auswirken, können nun anstelle der n-Typ-Bipolartransistoren T8 und T9 (normally-on) JFETs aus der QUCS-Datenbank eingesetzt werden. JFETs können hier deshalb verwendet werden, da HEMTs spezielle Bauformen von JFETs sind. Die Standard-QUCS-Modellparameter der JFETs wurden so modifiziert, dass sie das Kennlinien-Verhalten von GaN-HEMTs (siehe z.B. [Qua08]) möglichst gut wiedergeben. Dabei wurden vor allem die Werte für die Gate-Source- sowie für die Gate-Drain-Kapazität sowie die Schwellenspannung angepasst. Allerdings muss man bedenken, dass in einer realen Schaltung JFETs bzw. normally-on-Transistoren nur dann verwendet werden können, wenn die Schwellenspannung nahe bei 0 V liegt, da sonst zu hohe Ruheströme fließen, was zur Erwärmung und im schlimmsten Fall zur Zerstörung der Bauteile führen kann. Die hier angenommene Schwellenspannung ist - 2 V, d.h. es ist in Realität mit signifikanten Ruheströmen zu rechnen. Diese Effekte sind allerdings in der Simulation nicht sichtbar bzw. werden in der Simulation nicht berücksichtigt. Daher wurde diese Problematik zunächst außer Acht gelassen. Sie wird aber im Laufe der Vorstellung der Ergebnisse aus der Charakterisierung der Schaltung wieder aufgegriffen werden.

Des Weiteren wurde in diesem Schritt die Stromquelle am Eingang sowie der Stromspiegel komplett weggelassen und durch den Widerstand R9 ersetzt, da lediglich die Vorspannungsstufe (T3 und T4) versorgt werden muss und dies unkomplizierter durch lediglich einen Widerstand bewerkstelligt werden kann. Dadurch konnte die Schaltung, die in Abb. 4.11 in der THS4509-Version dargestellt ist, nochmals vereinfacht werden. Die beiden Endstufen-Transistoren sind rot umrandet hervorgehoben, da hierin die Hauptmodifikation der Schaltung liegt.

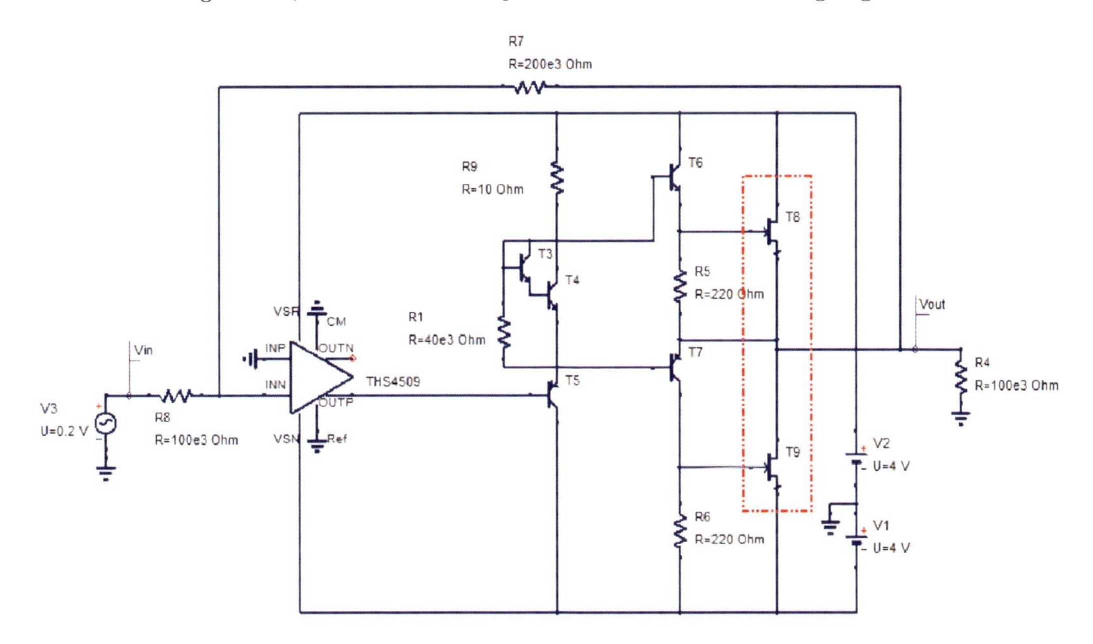

Abbildung 4.11: *Vereinfachte μA741-Schaltung mit quasikomplementärer JFET-Endstufe (rot umrandet) und THS4509 als Eingangsdifferenzverstärker*

Bei der Betrachtung der Simulationsergebnisse zu der Schaltung in Abb. 4.11 fällt auf, dass es kaum Veränderungen im Vergleich zur Version mit T8 und T9 als Bipolartransistoren gibt (s. Abb. 4.12).

Die Resonanz bei der Ausgangsspannung (links unten) und bei der Verstärkung (rechts oben) tritt immer noch bei 50 MHz auf. Die Verstärkung sinkt jedoch schon bei 80 MHz auf 0 dB, wobei die Phase zwischen 25 und 30 MHz sehr steil von 178° auf 0° abfällt, weshalb bei dieser Schaltung der Stabilitätsbereich etwas vor der Resonanzfrequenz endet, was aber wie oben begründet für die hier zu erstellende Schaltung aufgrund der geringen Erwartungen bzgl. der Bandbreite keine große Rolle spielt. Das Zeitverhalten der Ein- und Ausgangsspannung entspricht den Erwartungen.

Bei der äquivalenten Schaltung mit dem THS3001 (siehe Abb. 4.13) zeigt sich in der Simulation (siehe Abb. 4.14) ein ähnliches Verhalten wie schon im vorangegangenen Abschnitt erläutert. Auch hier wird die zu erwartende Ausgangsspannung von 2 V nicht erreicht, was die These, dass das SPICE-Modell des THS3001 bei diesem Phänomen eine Rolle spielt, untermauert. Die Ausgangsspannung beginnt hier ebenfalls schon bei 30 kHz abzusinken und erreicht bei 1 MHz

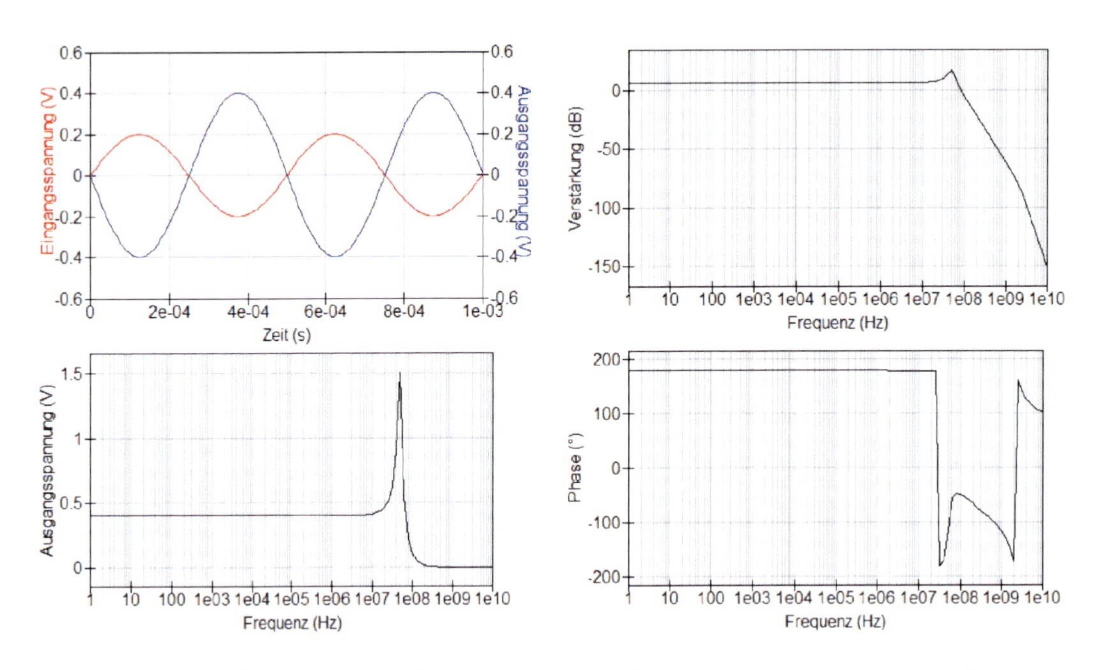

Abbildung 4.12: *Ergebnisse der Simulation der $\mu A741$-Schaltung mit quasikomplementärer JFET-Endstufe und THS4509 als Eingangsdifferenzverstärker*

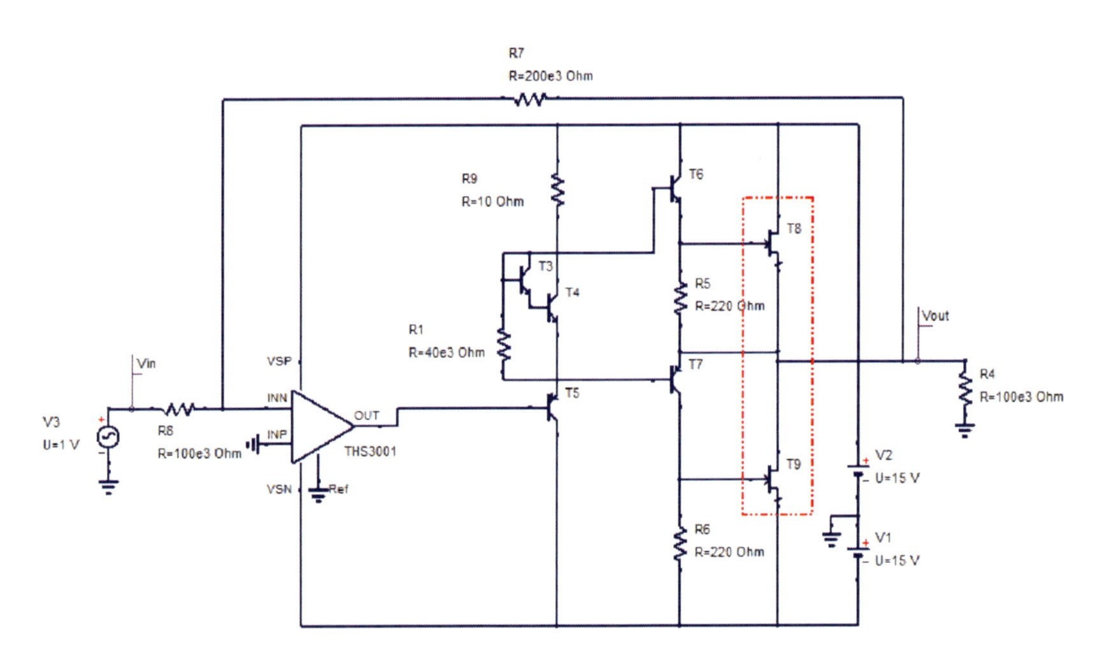

Abbildung 4.13: *Vereinfachte $\mu A741$-Schaltung mit quasikomplementärer JFET-Endstufe (rot umrandet) und THS3001 als Eingangsdifferenzverstärker*

den halben Wert (Abfall um 3 dB). Die Verstärkung beginnt ebenfalls bei 30 kHz abzufallen und erreicht bei etwa 1,3 MHz 0 dB. Die Phase ist über den gesamten Verstärkungsbereich größer als 120°. Es sind also keine Stabilitätsprobleme zu erwarten.

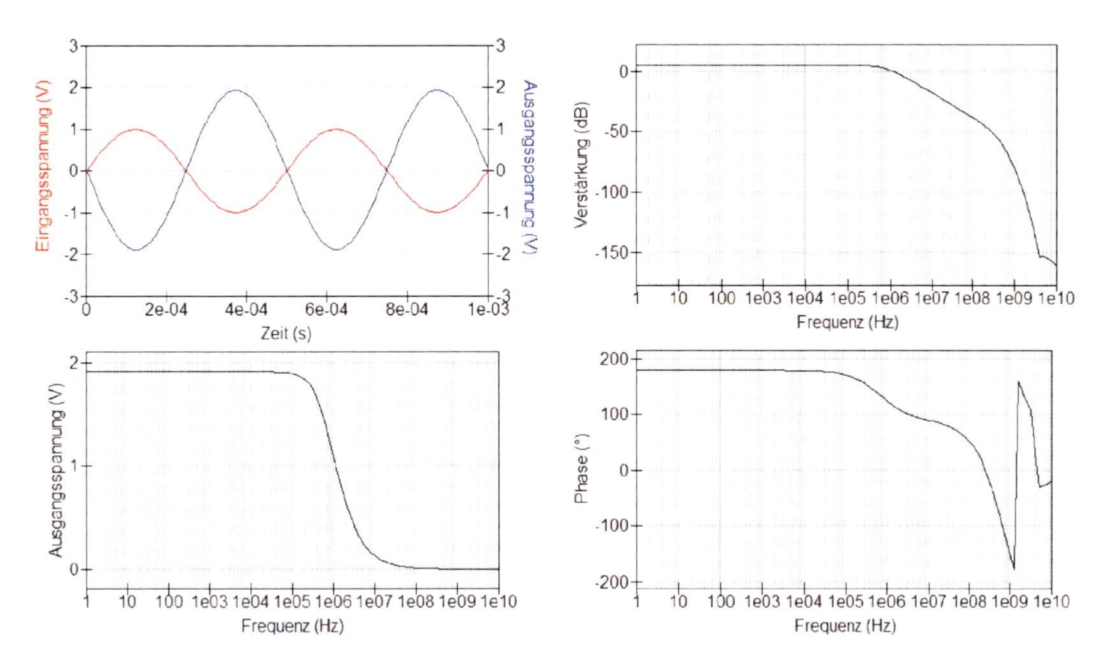

Abbildung 4.14: *Ergebnisse der Simulation der μA741-Schaltung mit quasikomplementärer JFET-Endstufe und THS3001 als Eingangsdifferenzverstärker*

4.7 Einfügen eines Treibers zur Kopplung der Hoch- und Niedervolt-Anteile der Schaltung

Nachdem in den vorangegangen Schritten die Voraussetzungen geschaffen wurden, ist nun die Aufgabe, eine Lösung zu finden, wie man an die Schaltung eine hohe Betriebsspannung anlegen kann, um so eine hohe Ausgangsspannung und auch einen hohen Ausgangsstrom zu realisieren. Dabei stellt sich sofort das Problem, dass an den ausgewählten Operationsverstärker am Eingang nur maximal eine Betriebsspannung von ± 16 V (im Fall des THS3001) angelegt werden kann. Als Ziel für die Betriebsspannung wurde aber für die Simulation - in Anlehnung an [Nut08] - ± 200 V festgelegt. In [Nut08] wurde das Problem mit den unterschiedlichen Betriebsspannungen für Eingang, Treiberverstärker und Endstufe so gelöst, dass an die ganze Schaltung ± 200 V angelegt wurde, diese Spannung aber für die Versorgung der Eingangsstufe, also die beiden OPA445, mit je einer entsprechend dimensionierten (Zener-)Diode für die beiden Polaritäten reduziert wurde. Eine andere Möglichkeit für die Reduktion der Betriebsspannung wäre der Einsatz von Tiefsetzstellern. Der Einfachheit halber wurden diese Möglichkeiten der schaltungstechnischen Anpassung der Betriebsspannung im Bereich der Eingangsstufe im Rahmen dieser Studie außer Acht gelassen, da es hier zunächst um den prinzipiellen Nachweis der Realisierbarkeit eines Hochvolt-Operationsverstärkers gehen soll. Die schaltungstechnische Herabsetzung der Betriebsspannung würde die Komplexität der Schaltung erhöhen und wurde daher zur späteren Realisierung hintangestellt.

Die Abb. 4.15 zeigt die Schaltung mit THS4509 als Eingangsverstärker, Treiberstufe (rot umrandet) und JFETs stellvertretend für die GaN-HEMTs in der Endstufe. Man sieht, dass hier die Verstärkung über das Widerstandsverhältnis im Rückkopplungszweig R5/R6 = 8000/50 auf 160 eingestellt wurde. Die Eingangsspannung von 1 V soll also auf 160 V verstärkt werden. Es wurde bewusst eine etwas größere Differenz als notwendig zur Betriebsspannung von 200 V eingestellt, um ungewollte Effekte durch Übersteuern zu vermeiden.

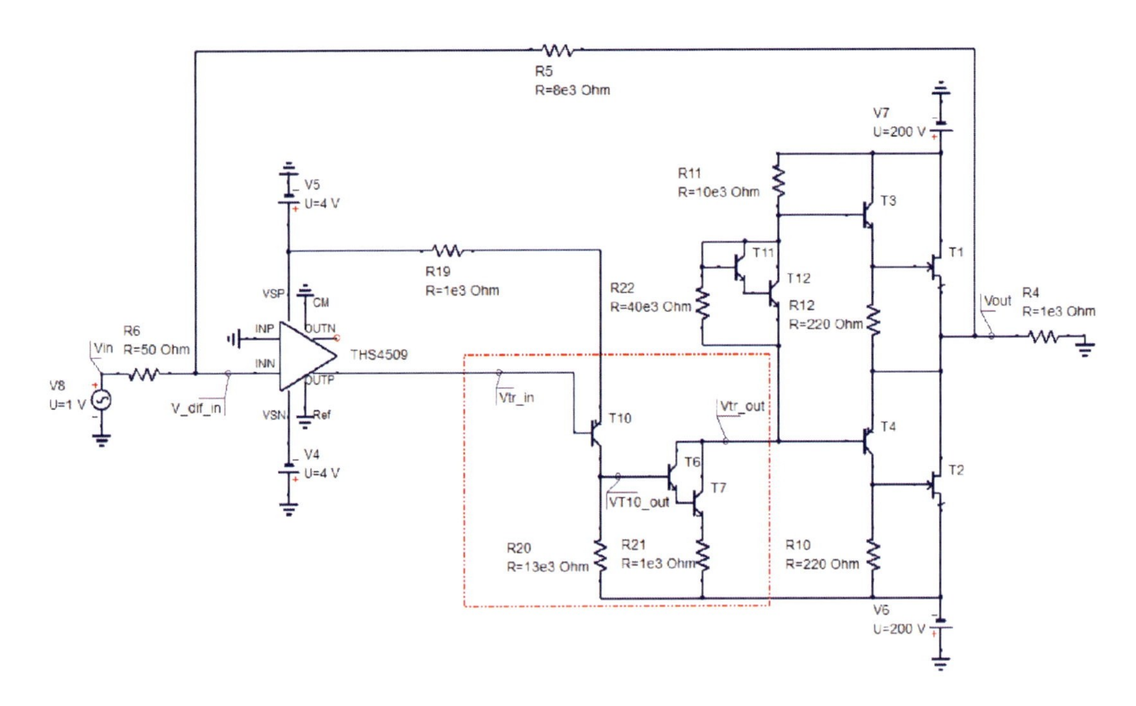

Abbildung 4.15: *Schaltung mit THS4509 als Eingangsverstärker, Treiberstufe (rot umrandet) und JFETs in der Endstufe*

Abb. 4.16 zeigt die Ergebnisse der Simulation. Hier sind zum Vergleich mit den bisher gezeigten Simulationsergebnissen die gleichen Parameter aufgetragen. Man erkennt, dass die Verstärkung um den Faktor 160 erreicht wird (oben links).

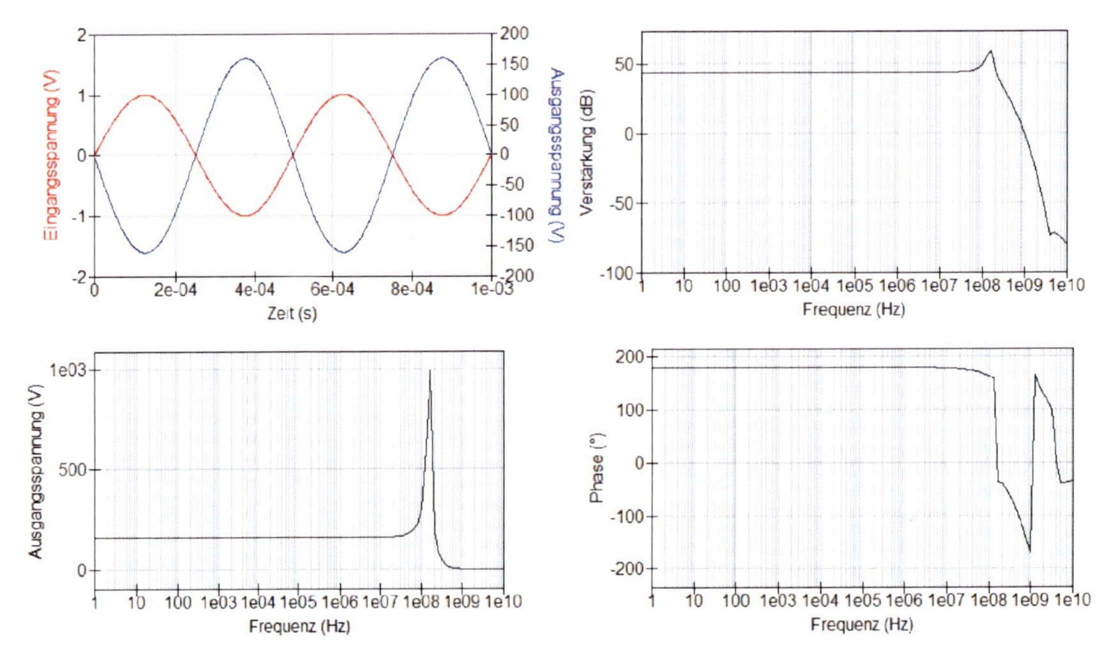

Abbildung 4.16: *Ergebnisse der Simulation mit THS4509 als Eingangsverstärker, Treiberstufe und JFETs in der Endstufe*

Am Frequenzverhalten der Ausgangsspannung fällt auf, dass sich die Resonanz um fast eine

Dekade hin zu höheren Frequenzen verschoben hat, nämlich auf 250 MHz. Dieser Anstieg geht einher mit einer Erhöhung der Bandbreite der Verstärkung, deren Resonanz an der gleichen Stelle liegt und die jetzt erst bei 2,5 GHz von ihrem Ausgangswert von 44 dB (entsprechend dem Faktor 160) auf 0 dB abfällt. Die hier auftretende Bandbreite ist allerdings unrealistisch, da die parasitären Kapazitäten der Endstufentransistoren (JFETs) nicht in die Simulation mit einbezogen wurden, da sie in den Modellen nicht enthalten sind. Diese Ursache liegt auch anderen Simulationen mit unrealistischen Bandbreiten zugrunde. Da allerdings das Ziel dieser Simulation hauptsächlich der Funktionsnachweis für die eingefügte Treiberstufe war, kommt diesem Effekt hier keine große Bedeutung zu. Losgelöst davon könnte die Bandbreite von 2,5 GHz allerdings ohnehin nicht genutzt werden, da nur bis 250 MHz genügend Phasenreserve für einen stabilen Betrieb besteht (siehe Plot rechts unten).

Die Treiberstufe ist so konzipiert, dass T10 (bipolarer pnp-Transistor) mit Source-Bezugspotential in Emitterschaltung und dem Kollektor gegen -200 V geschaltet ist. Mit dieser Emitterstufe wird die Signalspannung verstärkt und das Potential zu stark negativ verschoben. T6 und T7 (bipolare npn-Transistoren) in Darlington-Konfiguration als Emitterschaltung verstärken nochmals die Signalspannung und sorgen dafür, dass sich der Spannungshub symmetrisch um die Nulllinie verteilt.

Der Treiberstufe kommt insgesamt die Aufgabe zu, die niedrige Spannung an ihrem Eingang auf die Betriebsspannung von 200 V zu verstärken. Um den THS4509 nicht zu übersteuern, soll die Spannung an seinem Ausgang nicht mehr als $\pm$ 1,5 V betragen. Die Treiberstufe muss also eine Verstärkung von $200/1{,}5 \approx 133$ leisten. Die Verstärkung wird über die Widerstände R20/R19 und R11/R21 eingestellt, wobei sich die Gesamtverstärkung wie folgt bestimmen lässt:

$$V = \frac{R_{\text{Kollektor}}}{R_{\text{Emitter}}} = \frac{R_{20}}{R_{19}} \times \frac{R_{11}}{R_{21}} = 13 \times 10 = 130 \tag{4.2}$$

Um die Funktion der Treiberstufe sichtbar zu machen, werden in Abb. 4.17 noch weitere Diagramme gezeigt, und zwar

- links oben
  - links aufgetragen: die Eingangsspannung der Gesamtschaltung `Vin` sowie die Eingangsspannung des Differenzverstärkers `V_dif_in`, die aus dem Rückkopplungszweig kommt und deshalb betragsmäßig so gering ist, dass sie hier aufgrund der Skalierung nicht sichtbar ist
  - rechts aufgetragen: die Ausgangsspannung des Differenzverstärkers, die gleichzeitig die Eingangsspannung an der Treiberstufe `Vtr_in` ist
- links unten

  Ausgangsspannung der Treiberstufe `Vtr_out`, die identisch mit der Ausgangsspannung der Gesamtschaltung ist, da die Endstufe wie oben erläutert eine Verstärkung von 0 dB hat
- rechts oben
  - links aufgetragen: Eingangsspannung der Treiberstufe `Vtr_in` mit einem Hub von $\pm$ 1,5 V
  - rechts aufgetragen: Ausgangsspannung von T10 `VT10_out` als erste Stufe des Treibers
- rechts unten
  - links aufgetragen: Verstärkung des Treibers `A_tr` und des Differenzverstärkers, hier THS4509, `A_dif`
  - rechts aufgetragen: Verstärkung der Endstufe `A_end`

Im linken oberen Bild kann man den Hub von `Vin` zu $\pm$ 1 V sowie den Hub von `Vtr_in` zu $\pm$ 1,5 V ablesen. Die Eingangsspannung am THS4509 kann man aufgrund der Skalierung nicht ablesen, da der Hub zu gering ist (μV-Bereich). Links unten kann man die Ausgangsspannung der Treiberstufe zu 160 V ablesen. Rechts oben kann man die starke Verschiebung des Potentials in den negativen Bereich durch den Transistor T10 erkennen. Rechts unten sind die Verstärkungen der einzelnen Schaltungsteile aufgetragen. Man sieht, dass die Verstärkung der Treiberstufe den

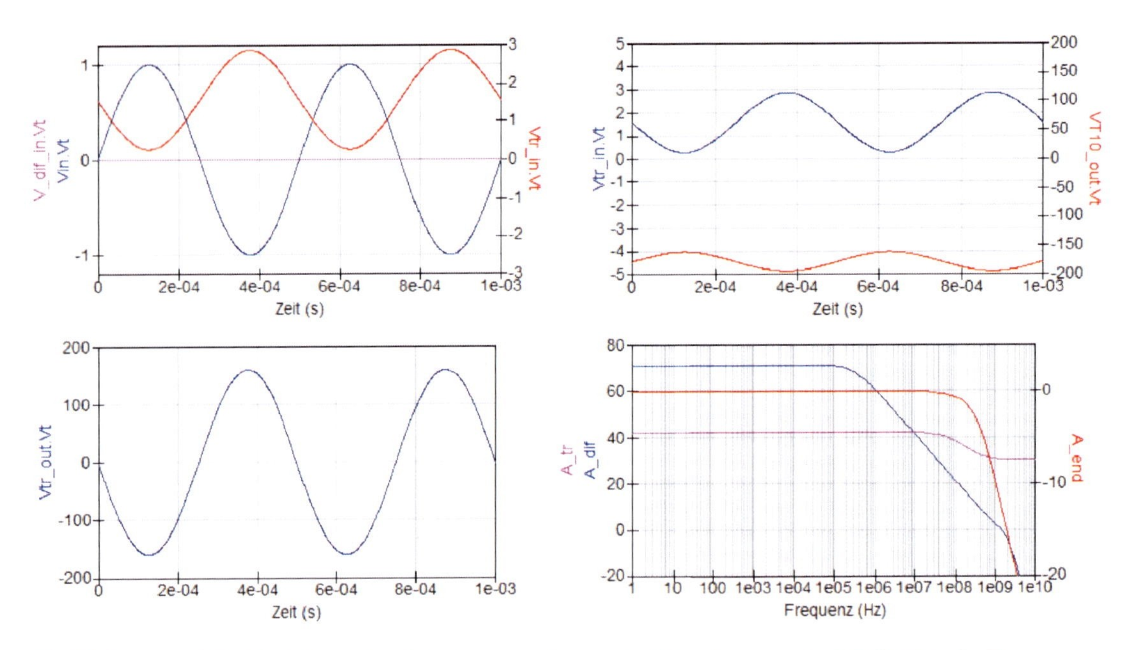

Abbildung 4.17: *Verhalten der Schaltungsteile in der Simulation mit THS4509 als Eingangsverstärker, Treiberstufe und JFETs in der Endstufe*

bekannten Wert von 44 dB ($44 = 10\log\frac{\hat{U}_a^2}{\hat{U}_e^2} \Rightarrow \frac{\hat{U}_a}{\hat{U}_e} = \sqrt{10^{44/10}} = 158,5$) hat, während die Verstärkung des THS4509 als Eingangsdifferenzverstärker 70 dB beträgt und eine geringere Bandbreite als die Treiberstufe aufweist. Die Verstärkung der Endstufe beträgt erwartungsgemäß 0 dB.

Im Folgenden sollen der Vollständigkeit halber noch die Schaltung und die Simulationsergebnisse für die Schaltung mit THS3001 als Eingangsdifferenzverstärker vorgestellt werden. Wie aus Abb. 4.18 hervorgeht, musste hier aufgrund der höheren Betriebsspannung des THS3001 die Verstärkung des Treibers über die Widerstandswerte angepasst werden. Denn aufgrund der höheren Betriebsspannung ist hier eine deutlich geringere Verstärkung des Treibers notwendig.

In Abb. 4.19 sind zum Vergleich mit Abb. 4.16 die Simulationsergebnisse dargestellt. Links oben ist zu sehen, dass die Ausgangsspannung von 160 V wieder ohne Probleme erreichbar ist. Beim Verhalten der Ausgangsspannung links unten fällt auf, dass jetzt auch hier eine Resonanz auftritt, und zwar bei 160 MHz. Die Gesamtverstärkung fällt hier bei 1 GHz auf 0 dB ab, d.h. auch hier hat sich die Bandbreite im Vergleich zur Version ohne Treiber deutlich vergrößert. Allerdings lässt sich auch hier die Bandbreite theoretisch nicht komplett nutzen, da die Phase bei 130 MHz bereits auf 0° abgefallen ist, der Verstärker also spätestens ab dieser Frequenz instabil ist.

In Abb. 4.20 kann man den Spannungshub am Eingang der Treiberstufe zu ± 8,5 V ablesen. Die Verstärkung des THS3001 ist, wie im rechten unteren Bild zu sehen ist, deutlich höher als die des THS4509, nämlich 102 dB, während die Verstärkung der Treiberstufe mit 32 dB dem mittels der Widerstandswerte eingestellten Faktor von 39 entspricht. Die Verstärkung der Endstufe ist wieder wie erwartet 0 dB.

4.8 Auswahl von Bauteilen für die Realisierung der Schaltung

Nachdem nun in der Simulation gezeigt wurde, dass die entwickelte Schaltung mit beiden ausgewählten Operationsverstärkern am Eingang jeweils stabil funktioniert, soll es nun darum gehen, konkrete Bauelemente für Treiber und Endstufe auszuwählen. Dabei sollen für die Endstufe zusätzlich zu den GaN-basierten Transistoren zum Vergleich noch Si-basierte eingesetzt werden,

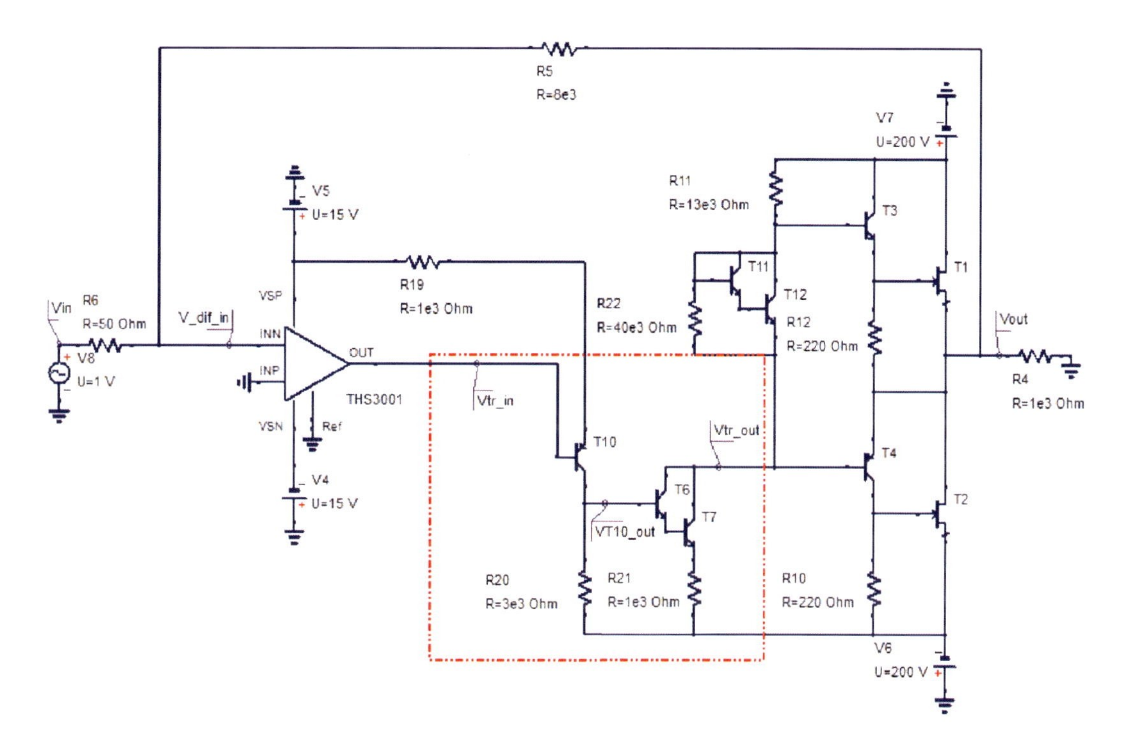

Abbildung 4.18: *Schaltung mit THS3001 als Eingangsverstärker, Treiberstufe (rot umrandet) und JFETs in der Endstufe*

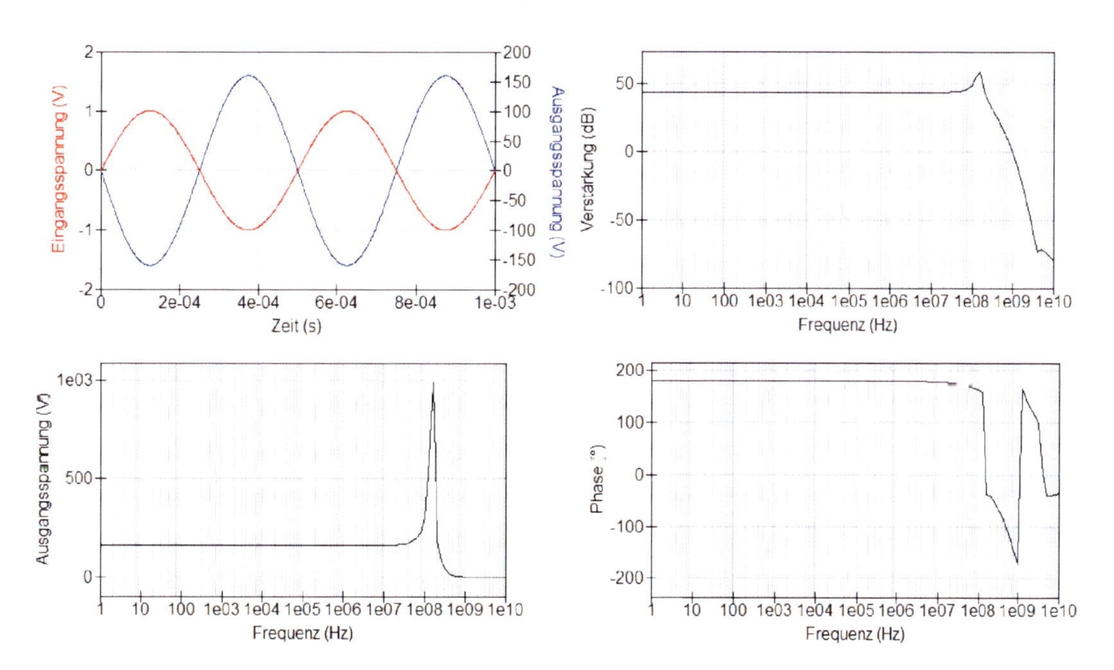

Abbildung 4.19: *Ergebnisse der Simulation mit THS3001 als Eingangsverstärker, Treiberstufe und JFETs in der Endstufe*

um später bei der Realisierung die beiden Versionen durch Austausch der Endstufentransistoren miteinander vergleichen zu können.

Obwohl nicht alle Transistoren mit der gleichen Spannung belastet werden, also nicht alle die

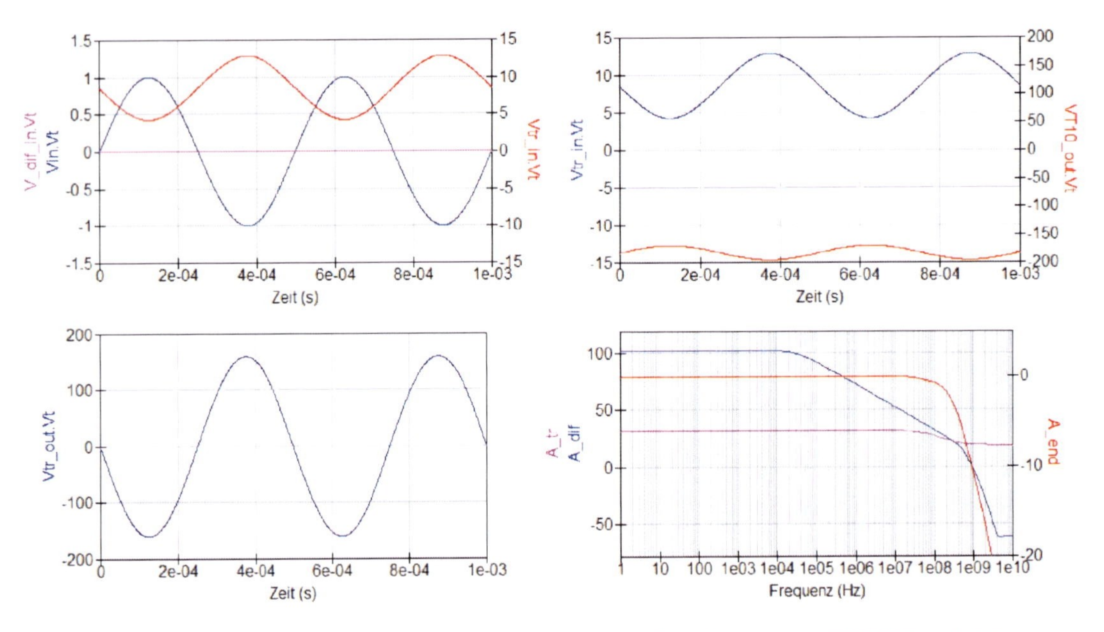

Abbildung 4.20: *Verhalten der Schaltungsteile in der Simulation mit THS3001 als Eingangsverstärker, Treiberstufe und JFETs in der Endstufe*

gleiche Spannungsfestigkeit aufweisen müssen, wurde nur unterschieden zwischen zwei Gruppen

1. Transistoren in der Treiber- und Endstufe, außer T1 und T2 (siehe z.B. Abb. 4.18)
2. Transistoren T1 und T2

Die Transistoren der Gruppe 1 wurden ausschließlich nach den folgenden Kriterien ausgewählt:

- Bipolartransistoren (da keine hohe Strombelastbarkeit notwendig)
- Verfügbarkeit eines komplementären Paares
- maximale Kollektor-Emitter-Spannung $\geq \pm$ 200 V

Der Einsatz eines komplementären Paares von Transistoren ist deshalb wichtig, da nur dann die beiden Transistoren in ihren Eigenschaften und Leistungsdaten herstellerseitig aufeinander abgestimmt sind. Die Suche auf den diversen Anbieterseiten im Internet ergab, dass die Auswahl an geeigneten Bauelementen unter anderem deshalb nicht besonders groß ist, da bei diesen hohen Kollektor-Emitter-Spannungen nicht viele komplementäre Paare, vermutlich mangels entsprechender Nachfrage, angeboten werden. Die Wahl fiel schließlich auf die komplementären Transistoren BF820 (npn) und BF821 (pnp) von der Firma NXP. Die relevanten Leistungsdaten dieser Transistoren sind in der folgenden Tabelle zusammengefasst. Es handelt sich dabei um die maximal zulässigen Werte. Für weitere Kenndaten sei auf die Datenblätter auf den Seiten der Firma NXP unter `http://www.nxp.com/documents/data_sheet/BF820_BF822.pdf` bzw. `http://www.nxp.com/documents/data_sheet/BF821_BF823.pdf` verwiesen.

Für die 2. Gruppe, also für die Transistoren T1 und T2, wurden mehrere Alternativen ausgewählt:

- GaN-HEMTs aus eigener Herstellung des Fraunhofer IAF
- marktverfügbare GaN-Transistoren der Firma EPC
- Si-Leistungs-MOSFETs

Parameter \ Typ	BF820	BF821
Typ	npn	pnp
Kollektor-Basis-Spannung (bei offenem Emitter)	300 V	-300 V
Kollektor-Emitter-Spannung (bei offener Basis)	300 V	-300 V
Emitter-Basis-Spannung (bei offenem Kollektor)	5 V	-5 V
Kollektor-Strom (DC)	50 mA	-50 mA

Tabelle 4.2: *Zusammenstellung der wichtigsten Leistungsdaten (Maximalwerte) der beiden Transistoren BF820 und BF821*

Bei den GaN-Transistoren sollen zum Einen am Fraunhofer IAF für Hochleistungs-Schalter-Anwendungen entwickelte Transistoren, die in den Veröffentlichungen [Ben10] und [Wal12] näher beschrieben werden, und zum Anderen marktverfügbare Transistoren vom Typ EPC1010 von der Firma EPC (USA), deren Datenblatt unter `http://epc-co.com/epc/documents/datasheets/EPC1010_datasheet_final.pdf` einsehbar ist, eingesetzt werden, um so eine Vergleichsmöglichkeit zu schaffen. Während es sich bei den Transistoren vom Fraunhofer IAF um auf SiC-Substrat epitaktisch hergestellte AlGaN/GaN-HEMTs handelt, verbergen sich hinter der Typbezeichnung EPC1010 auf Si-Substraten mittels CMOS-Prozess hergestellte laterale GaN-Leistungs-MOSFETs für schnelle DC-DC-Umsetzungs- sowie Schalteranwendungen. Obwohl die beiden Typen weder hinsichtlich des Materials, noch des Aufbaus und der Auslegung vergleichbar sind, seien hier trotzdem einige Leistungsdaten gegenüber gestellt. Naturgemäß sind beim EPC1010 keine Angaben zum Schichtaufbau bekannt.

Parameter \ Typ	IAF	EPC1010
Bauart	GaN/SiC-nHEMT	GaN/Si-n-Leistungs-MOSFET
Gate-Weite	260 mm	—
Länge pro Gate-Finger	1,2 mm	—
Gate-Länge	2 μm	—
Gate-Drain-Abstand	15 μm	—
Drain-Source-Spannung	600 V	200 V
Drain-Strom	95 A (150 μs Pulsweite)	40 A (300 μs Pulsweite)
Gate-Source-Spannung	-5 - 5 V	-5 - 6 V
$R_{DS(ON)}$	65 mΩ	25 mΩ
Gate-Ladung	$\approx$ 10 nC	7,5 nC
$R_{ON} \times Q_G$	0,65 $\Omega\times$ nC	0,19 $\Omega\times$ nC

Tabelle 4.3: *Gegenüberstellung einiger wichtiger Leistungsdaten (Maximalwerte) der GaN-Transistoren von Fraunhofer IAF und EPC*

Der Transistor von Fraunhofer IAF ist für die Anwendung in dieser Studie etwas zu groß dimensioniert. Es ist bemerkenswert, dass er trotzdem einen im Vergleich zum (marktverfügbaren) EPC1010 sehr niedrigen On-Widerstand und auch eine geringe Gate-Ladung aufweist. Es handelt sich also, obwohl es sich noch im Forschungsstadium befindet, bereits um ein durchaus konkurrenzfähiges Bauelement. Die Werte für das Produkt aus On-Widerstand und Gate-Ladung stehen in beiden Fällen im Einklang mit Abb. 2.24. In Abb. 4.21 sind exemplarisch jeweils die Ausgangskennlinienfelder für die beiden Transistor-Typen gezeigt. Leider sind die Skalen und Wertebereiche für die Gate-Source-Spannung nicht identisch. Die Abbildung kann aber einen ersten Eindruck von dem großen Leistungspotential dieser Bauteile vermitteln.

Für die Si-basierten Transistoren wurden - nach dem Kriterium einer hohen Durchbruchsspannung - zwei Leistungs-MOSFETs vom n-Typ ausgewählt, und zwar

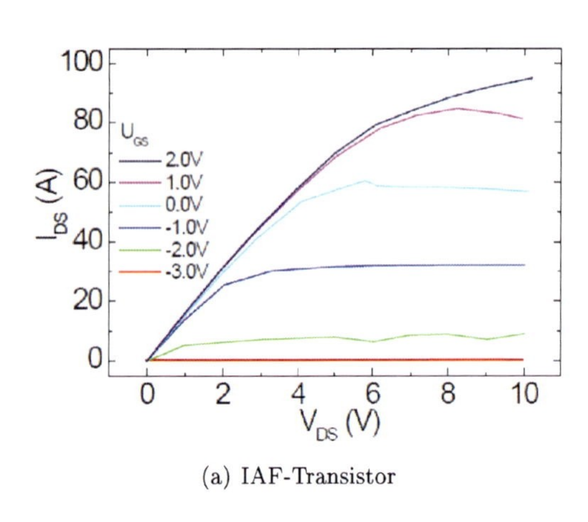

(a) IAF-Transistor

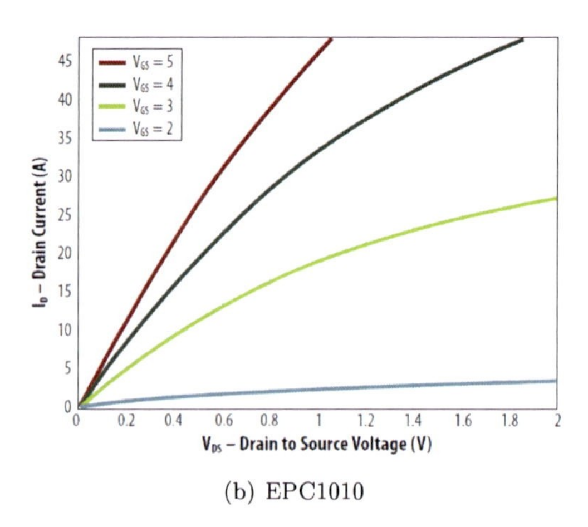

(b) EPC1010

Abbildung 4.21: *Ausgangskennlinienfelder (a) des IAF-Transistors (aus [Wal12]) und (b) des EPC1010 (aus Datenblatt)*

- STP11NM50N von der Firma STMicroelectronics (Schweiz)
- IPP60R099CS (60R099) von der Firma Infineon (Deutschland)

In der folgenden Tabelle sind wieder die für diese Studie relevanten Parameter gegenübergestellt. Die beiden Typen wurden jeweils mit den patentierten Technologien der jeweiligen Firma hergestellt und weisen daher - trotz vergleichbarer Leistungsklasse - einige Unterschiede auf. Grundsätzlich kann man hier aber sehr gut sehen, dass der On-Widerstand und die Gate-Ladung deutlich höher als bei den GaN-basierten Bauteilen ist, was wiederum in Einklang mit Abb. 2.24 steht und ein wesentlicher Nachteil dieser Si-basierten Bauelemente insbesondere in Anwendungen zum schnellen Schalten ist. Im Bereich Robustheit (Durchbruchsspannung und Ausgangsstrom) sind diese überaus technologisch ausgereiften Bauteile vergleichbar mit den weitaus weniger ausgereiften GaN-basierten Bauteilen. Allerdings gibt es noch einen Vorteil der GaN-basierten Bauteile, der bereits oben erwähnt wurde: Die höhere Temperaturfestigkeit. Der Betrieb bei über 200 °C ist ohne Reduktion der Lebensdauer möglich. Bei Si-basierten Bauteilen ist ein Betrieb oberhalb von 150 °C (ohne spezielle Kühlmaßnahmen) nicht möglich. [Qua08]

Typ / Parameter	STP11NM50N	IPP60R099CS
Bauart	n-Si-Leistungs-MOSFET	n-Si-Leistungs-MOSFET
Drain-Source-Spannung	500 V	600 V
Drain-Strom (10 μs Pulsweite)	34 A	93 A
Drain-Strom (Dauerstrich)	8,5 A	31 A
Gate-Source-Spannung	$\pm$ 25 V	$\pm$ 20 V
$R_{DS(ON)}$	470 mΩ	99 mΩ
Gate-Ladung	$\approx$ 19 nC	60 nC
$R_{ON} \times Q_G$	8,93 Ω× nC	5,94 Ω× nC

Tabelle 4.4: *Gegenüberstellung einiger wichtiger Leistungsdaten (Maximalwerte) von STP11NM50N („MDmesh™") und IPP60R099CS („CoolMOS™")*

Zum Abschluss dieses Abschnitts sei noch eine Aufstellung der ungefähren Preise zum Zeitpunkt der Durchführung dieser Studie für die hier verwendeten Bauteile gegeben, weil dies einen interessanten Eindruck gibt, für wie wenig Geld heutzutage solche hochintegrierten High-Tech-Produkte angeboten werden.

Typ	Preis [€]
THS4509	10,51
THS3001	7,26
BF820	0,39
BF821	0,11
EPC1010	7,52
STP11NM50N	2,25
IPP60R099CS	3,37

Tabelle 4.5: *Zusammenstellung der Preise der verwendeten (aktiven) Komponenten zum Zeitpunkt der Erstellung des Buches (jeweils bei Abnahme von kleinen Mengen)*

4.9 Vergleich des Verhaltens der Endstufe mit GaN-HEMTs und mit Si-Leistungs-MOSFETs

Bei der Realisierung der Schaltung sollen die Eigenschaften von verschiedenen Versionen miteinander verglichen werden, und zwar Versionen, die sich durch den verwendeten Operationsverstärker unterscheiden und Versionen mit verschiedenen Endstufentransistoren. In diesem Abschnitt sollen nun die Simulationsergebnisse der isolierten Endstufe verglichen werden, in der die Transistoren mit den Transistormodellen der BF820 und BF821, bzw. der GaN-HEMTs und Si-Leistungs-MOSFETs versehen wurden. Im Falle der Si-Leistungs-MOSFETs wurde aus Gründen der Verfügbarkeit im Internet ein SPICE-Modell für einen vergleichbaren Transistor der Firma STMicroelectronics (STP7NM60N) eingesetzt. Das Einfügen der detaillierten Modelle hat dazu geführt, dass die Simulation der Gesamtschaltung, d.h. die damit verbundenen Berechnungen, aufgrund der Komplexität von der verwendeten Software QUCS nicht oder nicht in überschaubarer Zeit mit der vorhandenen Rechenleistung gehandhabt werden konnte. Daher erfolgte hier die Beschränkung auf die Endstufe, deren Verhalten sich noch problemlos simulieren ließ.

Abb. 4.22 zeigt die Schaltungen der isolierten Endstufe, wie sie für die Simulation verwendet wurden. Als Eingangssignal wurde eine Sinusquelle mit einer Amplitude von 5 V bei einer Frequenz von 2 kHz verwendet, die über einen Kondensator mit einer Kapazität von 1 mF an die Endstufe angekoppelt wurde.

Aus dem Vergleich der Ergebnisse der Simulation der beiden Versionen, die in den Abbildungen 4.23 und 4.24 dargestellt sind, kann man auf den ersten Blick erkennen, dass es keine großen Unterschiede gibt. Bei beiden Versionen zeigt sich wie erwartet keine Verstärkung, wobei in Abb. 4.24 eine geringe Abschwächung des Ausgangssignals gegenüber dem Eingang zutage tritt. Was auch auffällt ist, dass die Ausgangsspannung in der frequenzabhängigen Auftragung (links unten) in der Version mit GaN-HEMTs im betrachteten Frequenzbereich nur bis auf etwa 3,6 V abfällt, während die Si-Leistungs-MOSFETs nach einer kleinen Resonanz bei 40 MHz bei 250 MHz auf 0 V abfällt und danach - in Übereinstimmung mit dem Verlauf der Verstärkung und der Phase (rechts oben und unten in Abb. 4.24) wieder etwas ansteigt.

Was dieser Vergleich des Verhaltens der beiden Endstufenversionen eindrucksvoll zeigt und was auch das eigentlich Bemerkenswerte im Vergleich der beiden Versionen darstellt ist, dass die GaN-HEMTs trotz ihrer erheblich größeren Fläche den Si-Leistungs-MOSFETs vor allem im Frequenzverhalten offensichtlich mehr als ebenbürtig sind, was wiederum auf den kleineren On-Widerstand und auf die kleinere Gate-Ladung zurückzuführen ist.

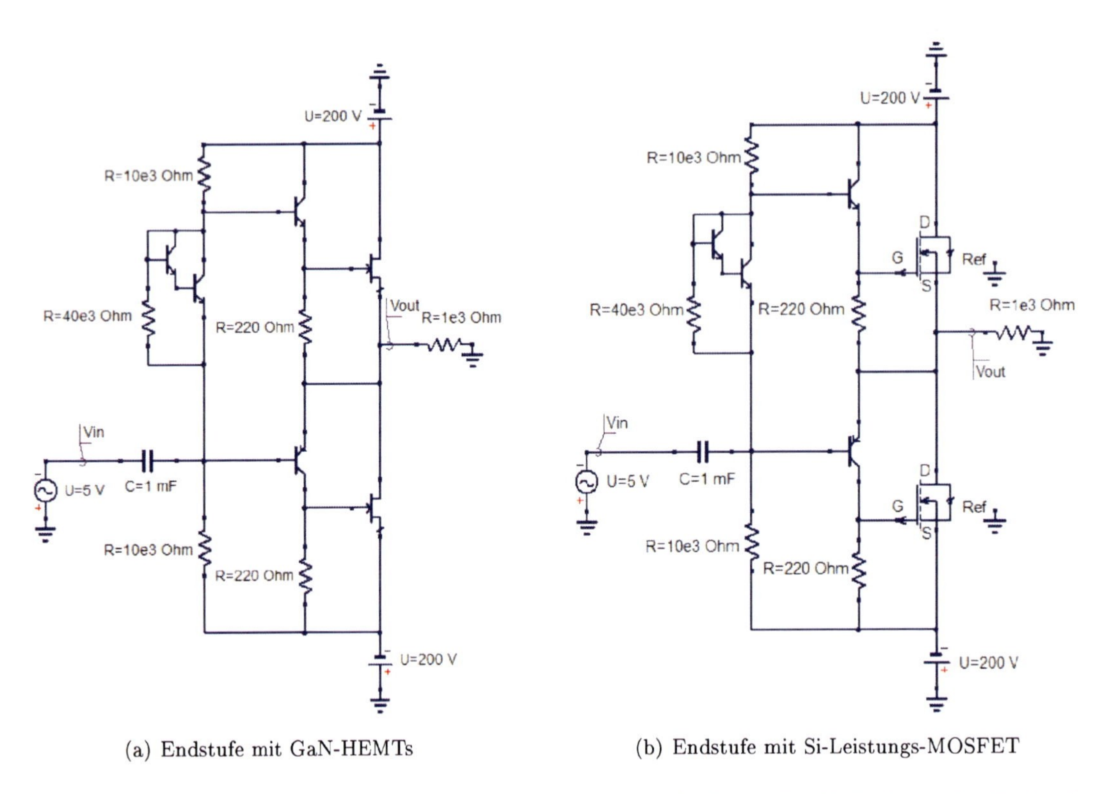

(a) Endstufe mit GaN-HEMTs

(b) Endstufe mit Si-Leistungs-MOSFET

Abbildung 4.22: *Schaltbilder der Testschaltungen zum Vergleich des Verhaltens der Endstufe mit GaN-HEMTs und mit Si-Leistungs-MOSFETs*

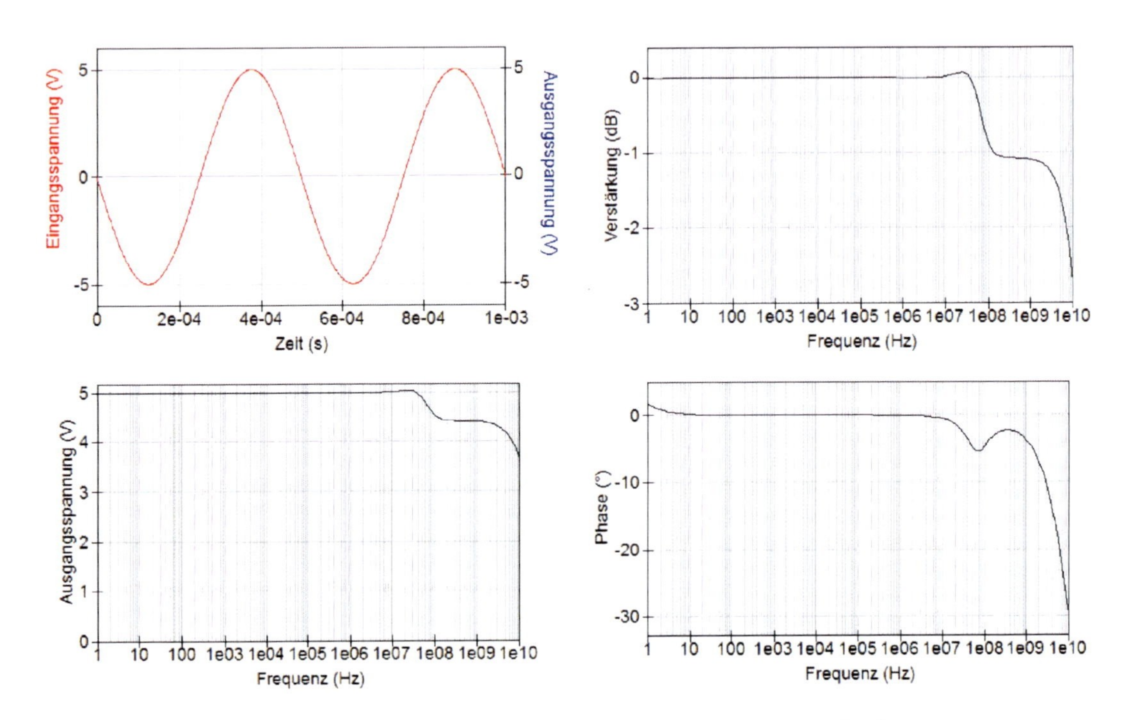

Abbildung 4.23: *Verhalten der Endstufe mit GaN-HEMTs*

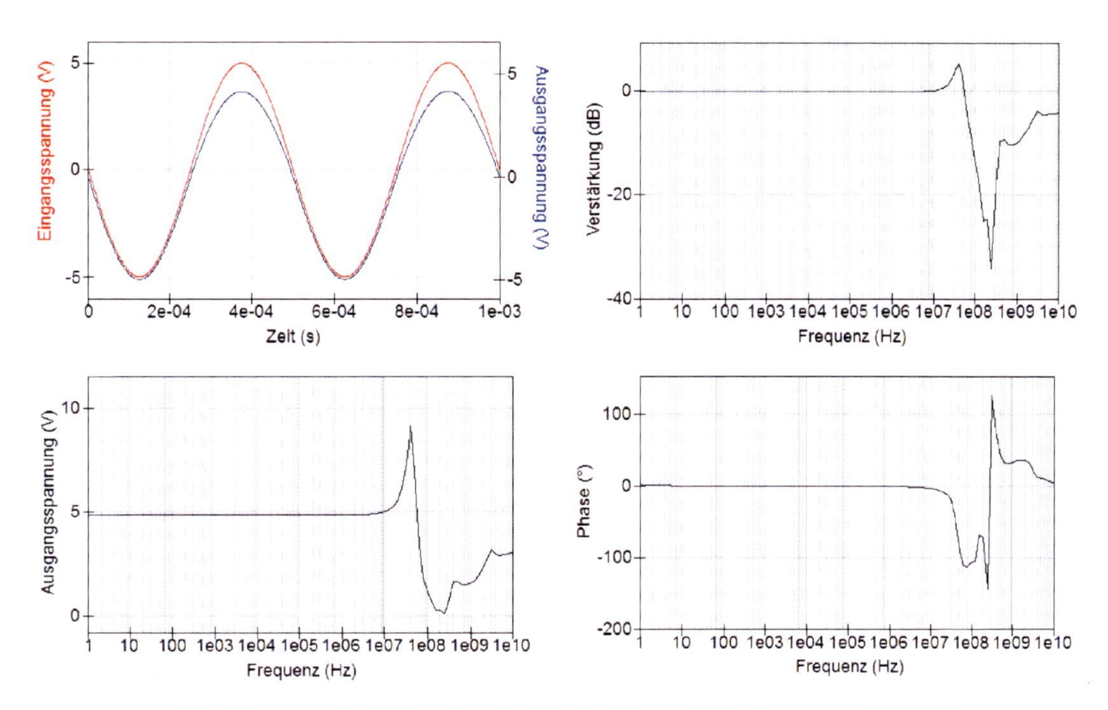

Abbildung 4.24: *Verhalten der Endstufe mit Si-Leistungs-MOSFETs*

5 Experimentelle Realisierung und Charakterisierung der Hochvolt-Operationsverstärkerschaltung

In diesem Kapitel soll zunächst die Umsetzung der im vorherigen Kapitel entwickelten Schaltung auf einer Leiterplatte beschrieben werden. Danach werden die Ergebnisse aus der Charakterisierung der aufgebauten Schaltungen vorgestellt und diskutiert.

5.1 Erstellung des Layouts zur Realisierung auf einer Leiterplatte

Für das Layout, d.h. die Umsetzung der entwickelten Schaltungen auf einer Leiterplatte, wurde wie bereits erwähnt die Software EAGLE in der Version 6.3.0 light verwendet. Die Software besteht aus den Komponenten Layout-Editor, Schaltplan-Editor, Autorouter und einer erweiterbaren Bauteil-Datenbank. Für den nicht-kommerziellen Einsatz wird eine kostenlose Version (Zusatz „light") angeboten, bei der nur Leiterplatten bis zu einer Größe einer halben Europakarte (100 mm × 80 mm) und nur zwei Signallagen bearbeitet werden können. Da dies für die Zwecke im Rahmen dieser Studie genügt, konnte auf diese kostenlose Version zurückgegriffen werden.

Es wurde eine Version der Leiterplatte mit THS3001 und eine Version mit THS4509 als Eingangsdiffenzverstärker erstellt. Von beiden Versionen wurden jeweils drei Exemplare in Auftrag gegeben. Die Vorgehensweise bei der Erstellung des Layouts der Leiterplatten (PCBs) war wie folgt:

1. Zeichnen der beiden Schaltungen im Schaltplan-Editor von EAGLE
   - Auswahl der Komponenten aus der Bauteil-Datenbank von EAGLE, um die korrekte Grundfläche (*footprint*), d.h. die Größe auf der Leiterplatte und inklusive der Anschlusse, zu gewahrleisten
   - Auswahl der Stecker für die Anschlüsse
   - Ergänzung des Schaltplans um zusätzliche Widerstände und Kondensatoren basierend auf Erfahrungswerten
2. Anordnen der Komponenten mit dem Layout-Editor
   - Beschränkung auf eine Größe von 50 mm × 40 mm (eine Viertel-Europakarte) aufgrund der geringen Anzahl an Komponenten
   - Anordnung der Komponenten nach der Vorgabe eines möglichst großen Abstands der Anteile mit Niedervolt- und mit Hochvolt-Spannungsversorgung und möglichst wenigen Kreuzungen von Leitungsbahnen

In Abb. 5.1 sind die beiden in EAGLE erstellten Schaltpläne gezeigt.

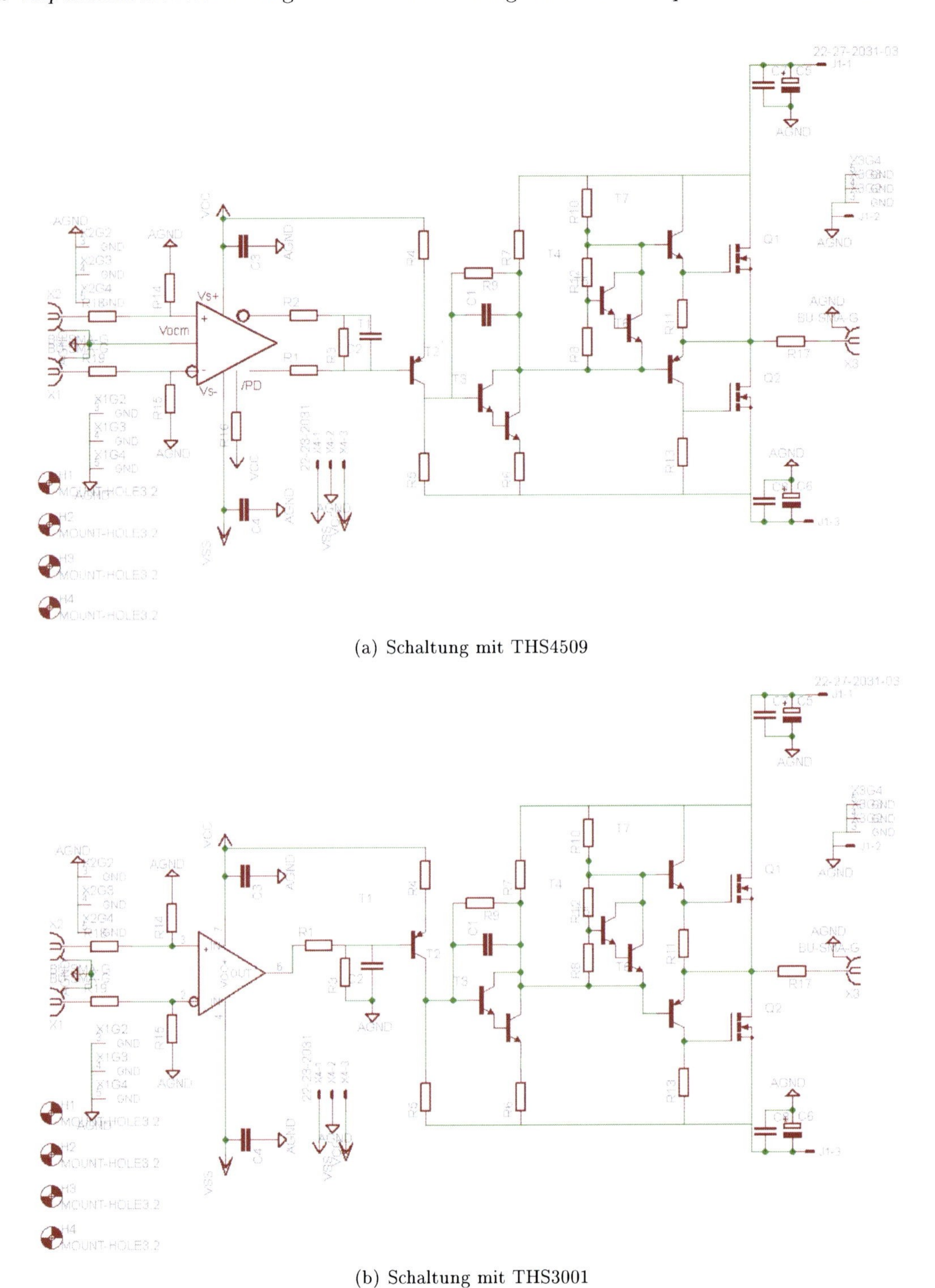

(a) Schaltung mit THS4509

(b) Schaltung mit THS3001

Abbildung 5.1: *Mit dem Editor von EAGLE erstellte Schaltpläne mit THS4509 und THS3001*

Auf Details in den Schaltplänen wie die Auswahl der Anschlusselemente sowie die Funktion der im Vergleich zu den in QUCS erstellten Schaltungen eingefügten Widerstände und Kondensatoren soll an dieser Stelle nicht näher eingegangen werden, weil dies den Rahmen der Studie sprengen würde. Es wurde sowohl bei der Erstellung des Schaltplans als auch bei der Erstellung des Layouts auf die am Fraunhofer IAF vorhandene Expertise zurückgegriffen.

Abb. 5.2 zeigt die Layouts für die beiden Versionen der Leiterplatte. Es sei hier nur soviel zur Erklärung angemerkt, dass links die beiden Anschlüsse für den invertierenden und nichtinvertierenden Eingang des Eingangsdifferenzverstärkers und oben links die Anschlüsse für die Niedervolt-Spannungsversorgung (links) und die Hochvolt-Spannungsversorgung (rechts) angebracht sind. Der Abstand zwischen den beiden Eingangsanschlüssen ist aus Platzgründen recht gering gehalten, zumal geplant war, während der Messungen entsprechend den Simulationen stets nur einen der beiden Anschlüsse zu verwenden und andernfalls durch Verwendung längerer SMA-Kabel die Entkopplung der beiden Eingänge gewährleistet werden kann. Um einen im Rahmen des Platzangebots möglichst großen Abstand zu gewährleisten, sind die Anschlüsse für den Ausgang unten rechts angeordnet. Die rot gezeichneten Leiterbahnen kennzeichnen Leitungen auf der Leiterplatte, die blau markierten Leitungen unterhalb der Oberfläche.

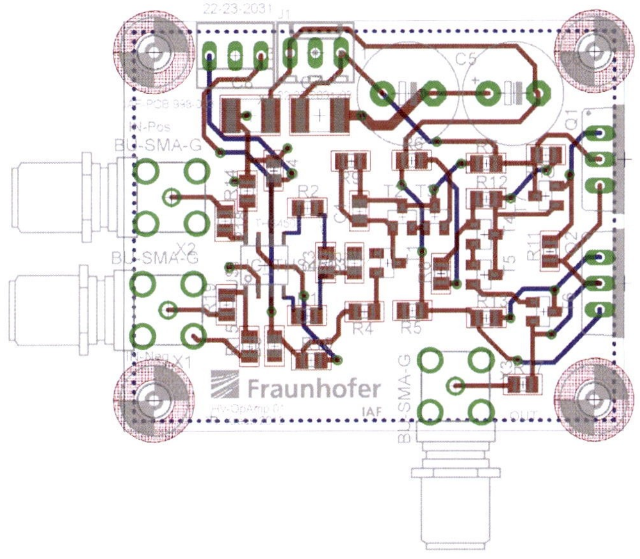

(a) Leiterplatten-Layout mit THS4509

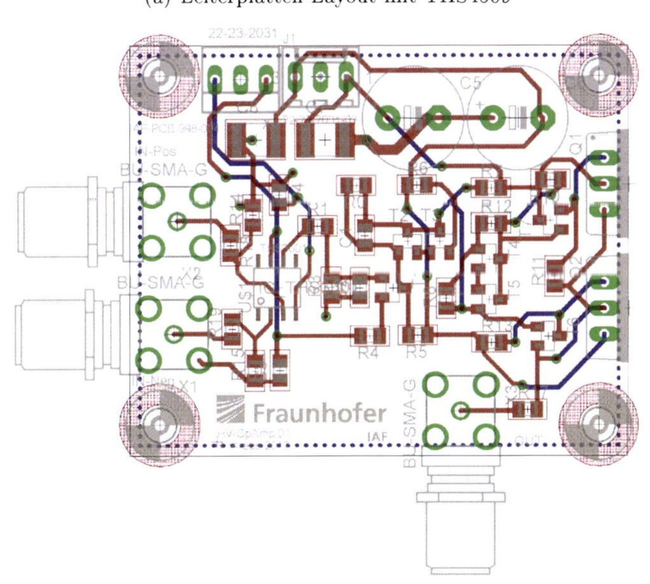

(b) Leiterplatten-Layout mit THS3001

Abbildung 5.2: *Mit EAGLE erstellte Layouts zu den beiden Schaltungen mit THS4509 und THS3001*

5.2 Bestückung der Leiterplatten mit den ausgewählten Bauelementen

Die Layouts wurden als Datei zur Firma „Beta LAYOUT" in Aarbergen geschickt, wo von den beiden Versionen jeweils drei Leiterplatten angefertigt wurden. Nach deren Lieferung wurden die Leiterplatten jeweils mit den Operationsverstärkern, Transistoren (BF820 und BF821), Widerständen und Kondensatoren und mit den Steckern bestückt. In Abb. 5.3 sind Fotos einer bestückten Leiterplatte zu sehen.

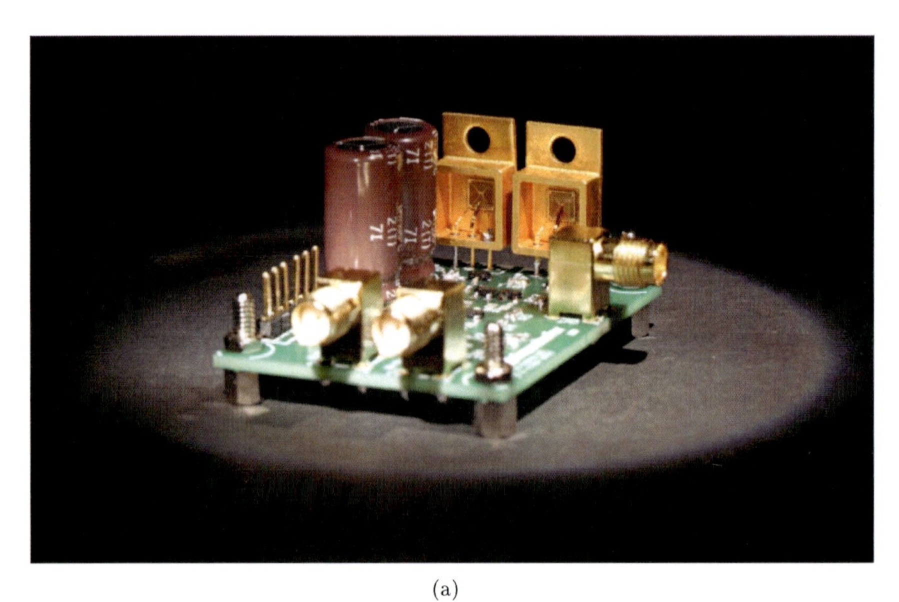

(a)

(b)

Abbildung 5.3: *Fotos von der mit Bauelementen bestückten Leiterplatte mit den GaN-HEMTs von Fraunhofer IAF als Endstufentransistoren aus verschiedenen Perspektiven, in (b) mit angeschlossenem Lastwiderstand*

Man sieht auf den Fotos, dass die Endstufentransistoren zur Verbesserung der Austauschbarkeit nicht direkt auf die Leiterplatte gelötet wurden, sondern mittels spezieller auf die Leiterplatte gelöteter Stecker, wie im unteren Foto zu sehen, angeschlossen wurden. Auf den Fotos sind als Endstufentransistoren in TO-Gehäuse aufgebaute GaN-HEMTs vom Fraunhofer IAF zu sehen. Ebenso im unteren Foto zu sehen ist der Lastwiderstand, der zur besseren Wärmeabfuhr in einem speziellen Gehäuse angeschlossen wurde. Bei den Eingängen des Differenzverstärkers wurde der nicht verwendete Eingang offen gelassen, also gemäß Schaltplan an Masse angeschlossen.

5.3 Charakterisierung der Schaltung

5.3.1 Messaufbau

Der Messaufbau für die Charakterisierung der Leiterplatten ist schematisch in Abb. 5.4 dargestellt. Es wurden je zwei Netzteile für die Niedervolt-Spannungsversorgung des Eingangsdifferenzverstärkers (positiv und negativ) und für die Hochvolt-Spannungsversorgung der restlichen Schaltung (positiv und negativ) verwendet. Ein Funktionsgenerator wurde zur Erzeugung des am Eingang der Schaltung anzulegenden Sinus-Signals eingesetzt. Zur Anzeige der Signale wurde ein Oszilloskop verwendet, dessen Eingänge mit dem Funktionsgenerator, mit dem Ausgang der Schaltung sowie mit zwei Klemmen, mit denen an verschiedenen Punkten der Schaltung Signale abgegriffen werden konnten, verbunden wurden. Die Messdaten wurden mit einem PC mittels eines eigens mit der Software „LabVIEW" erstellten Programms zur Steuerung des Oszilloskops aufgenommen und standen dann zur weiteren Verarbeitung und Auswertung zur Verfügung.

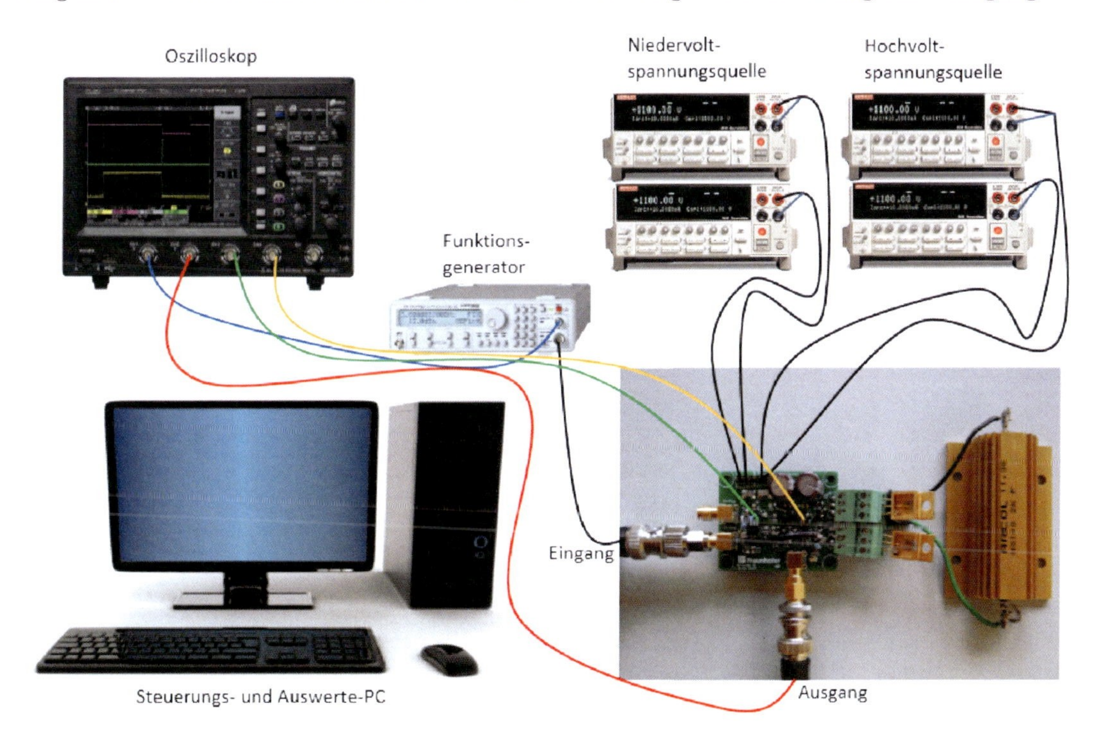

Abbildung 5.4: *Schematische Darstellung des Messaufbaus*

Abweichend von den Simulationen konnte während der Messungen die Hochvolt-Versorgungsspannung von ± 200 V nicht angelegt werden, da nach der Norm DIN VDE 0100-410 ab Gleichspannungen von 120 V spezielle Sicherheitsvorkehrungen zu treffen sind bzgl. der Abschaltung der Quellen, da die fließenden Ströme dann lebensbedrohlich sein können. Diese Sicherheitsvorkehrungen hätten den Ablauf der Messungen und die Flexibilität bei Änderungen der Messbedingungen stark behindert. Daher wurde für die Messungen eine Hochvolt-Versorgungsspannung von nur ± 60 V gewählt.

5.3.2 Vorstellung der Messergebnisse

Wie oben dargestellt wurden je drei Leiterplatten mit der Schaltungsvariante mit volldifferentiellem Operationsverstärker (THS4509) und mit einfach differentiellem Operationsverstärker (THS3001) geliefert und bestückt. Grundsätzliches Ziel der Realisierung der konzipierten Schaltung war es, die Simulationsergebnisse zu verifizieren, da diese aufgrund der teils sehr ungenauen Modelle teils mit großen Unsicherheiten behaftet sind. Erste Funktionstests der beiden Varianten zeigten bereits, dass die Version mit volldifferentiellem Operationsverstärker nicht stabil zu bekommen war. Es zeigte sich ein starkes Oszillationsverhalten, das zur Zerstörung des Operationsverstärkers führte. Es konnte auch mit den zur Verfügung stehenden drei Leiterplatten keine geeignete Beschaltung des Operationsverstärkers gefunden werden, um einen stabilen Betrieb zu erreichen. Daher erfolgten alle Messungen mit der Version der Leiterplatte mit dem Operationsverstärker THS3001, der zwar eine geringere Bandbreite aufweist, was aber aufgrund des nicht hochfrequenztauglichen Messaufbaus keine Rolle spielte, da damit der Nachweis von Bandbreiten im Bereich von 400 MHz ohnehin nicht erwartet wurde.

Außerdem vorweg geschickt sei an dieser Stelle, dass die Mehrzahl der Messungen ohne, d.h. mit unendlich großem Lastwiderstand durchgeführt wurden, da aufgrund des Aufbaus der Schaltung keine Wärmesenke angebracht werden konnte, um die entstehende Wärme insbesondere in den Endstufentransistoren abzuführen.

5.3.2.1 Charakterisierung der unmodifizierten Schaltung

In einer ersten Serie von Messungen wurde die Schaltung in der Ursprungskonfiguration belassen. Die beiden in der Schaltung vorgesehenen Widerstände R8 und R12 (siehe Abb. 5.1) wurden nicht bestückt, so dass die Endstufe im Klasse B - Betrieb angesteuert wurde. Für die Rückkopplung wurde extern eine Verbindung zwischen Ausgang und invertierendem Eingang des Eingangsverstärkers mit einem Widerstand von 20 kΩ angebracht. Außerdem wurde zur Vorbeugung gegen Oszillationen eine Kapazität zwischen dem Ausgang der Treiberstufe und dem invertierenden Eingang des Eingangsverstärkers eingefügt. Am Ausgang wurde wie oben erläutert aus Gründen der drohenden Wärmeentwicklung und fehlenden Wärmesenke in der Endstufe kein Lastwiderstand angeschlossen. Zur Spannungsquelle wurde im Schaltplan der Vollständigkeit halber noch deren Innenwiderstand von 50 Ω zugefügt. Die Schaltung ist in Abb. 5.5 zu sehen.

Für die Schaltung mit den EPC1010-Transistoren wird keine gesonderte Abbildung gezeigt, da hier nur diese Transistoren den Unterschied zur Abb. 5.5 darstellen. Die Messungen wurden sowohl mit dem MOSFET STP11NM50N (wie in der Abb. zu sehen) als auch mit dem GaN-basierten EPC1010 durchgeführt. Die Messparameter für die beiden Messungen sind in der folgenden Tabelle zusammengefasst.
Dabei wurden die Spannungswerte an den Geräten eingestellt und die Stromwerte abgelesen.

Abb. 5.6 zeigt die Ergebnisse der Simulation mit QUCS für die beiden Varianten der Schaltung. Als Verstärkungsfaktor ist gemäß dem Verhältnis Rückkopplungswiderstand zu Eingangswiderstand $20/1{,}05 = 19{,}05$ zu erwarten, d.h. eine Ausgangsspannung von $0{,}5\ \mathrm{V} \times 19{,}05 = 9{,}53\ \mathrm{V}$. Die Simulation ergibt eine Amplitude der Ausgangsspannung von 9,51 V, also eine gute Übereinstimmung mit der Abschätzung anhand der Widerstandswerte. Die maximale Verstärkung kann mit 26 dB abgelesen werden, was wiederum einem Verstärkungsfaktor von 19,95 entspricht. Vorstehende Aussagen gelten für beide Schaltungsvarianten. Betrachtet man das Frequenzverhalten in beiden Fällen, dann fallen die Unterschiede sofort ins Auge. Allerdings kann davon ausgegangen werden, dass die höhere Bandbreite im Fall des MOSFETs darauf zurückzuführen ist, dass hier zur Simulation das vereinfachte Modell verwendet wurde und nicht das genaue SPICE-Modell, da mit diesem die Simulation - vermutlich aufgrund der dann zu großen Komplexität

Eingangs-OPV	THS3001	THS3001
Endstufentransistor	STP11NM50N	EPC1010
V+	auf Masse	auf Masse
Betriebsspannung OPV	± 11,5 V	± 11,5 V
Betriebsspannung Endstufe	± 60 V	± 60 V
Betriebsstrom OPV	7 mA	7 mA
Betriebsstrom Endstufe	4 mA	4 mA
Amplitude Eingangsspannung	0,5 V	0,5 V
Rückkopplungswiderstand (R5)	20 kΩ	20 kΩ
Eingangswiderstand (R20+R6)	1,05 kΩ	1,05 kΩ
Rückkopplungskapazität (C1)	1 pF	1 pF
Lastwiderstand	∞	∞

Tabelle 5.1: *Parameter für die beiden in Abschnitt 5.3.2.1 vorgestellten Messungen*

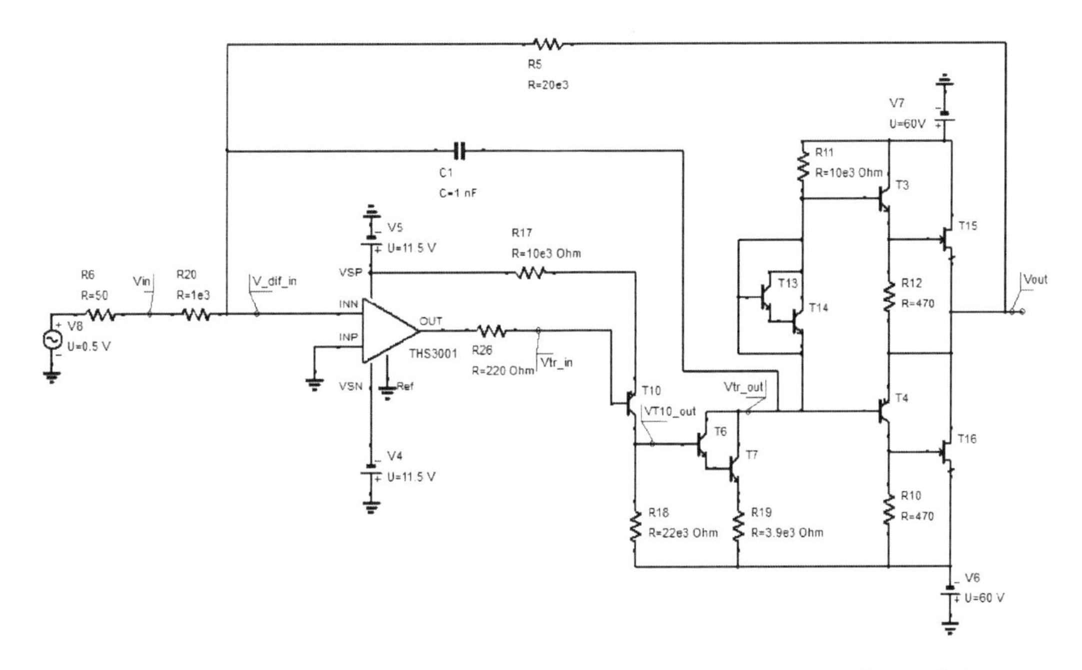

Abbildung 5.5: *Schaltung mit THS3001 als Eingangsverstärker, Treiberstufe und Si-Leistungs-MOSFETs in der Endstufe*

der durchzuführenden Berechnungen - nicht funktioniert hat. Theoretisch zu erwarten wäre eine im direkten Vergleich höhere Bandbreite im Falle des EPC1010. Außerdem nicht erklärbar und daher vermutlich ein Artefakt ist das Auftreten einer Resonanz nur bei der Schaltung mit den EPC1010.

In den Abbildungen 5.7 und 5.8 sind die Messergebnisse dargestellt. In Abb. 5.7 sind fünf Messungen des Zeitverhaltens der verschiedenen gemessenen Spannungen bei Frequenzen zwischen 8 Hz und 80 kHz gezeigt, wobei die Messung bei 800 Hz direkt mit der Simulation verglichen werden kann (dort wurde auch ein Sinussignal mit einer Frequenz von 800 Hz eingespeist). Man sieht in der Abbildung bei beiden Varianten, dass die Ausgangsspannung (`Vout`) wie erwartet bei etwa 10 V liegt. In Abb. 5.7 (a) ist zu beobachten, dass die Ausgangsspannung bei den ersten vier Frequenzen bei genau 10 V, also etwas höher als in der Simulation, liegt und bei der höchsten Frequenz nur noch bei 9,3 V, was aber durch den Abfall der Verstärkung zu erklären ist. In Abb. 5.7 (b) zeigt sich eine konstante Ausgangsspannung von 9,5 V im Einklang mit der Simulation und bei der höchsten Frequenz ebenfalls ein stärkerer Abfall. Bemerkenswert ist, dass man am

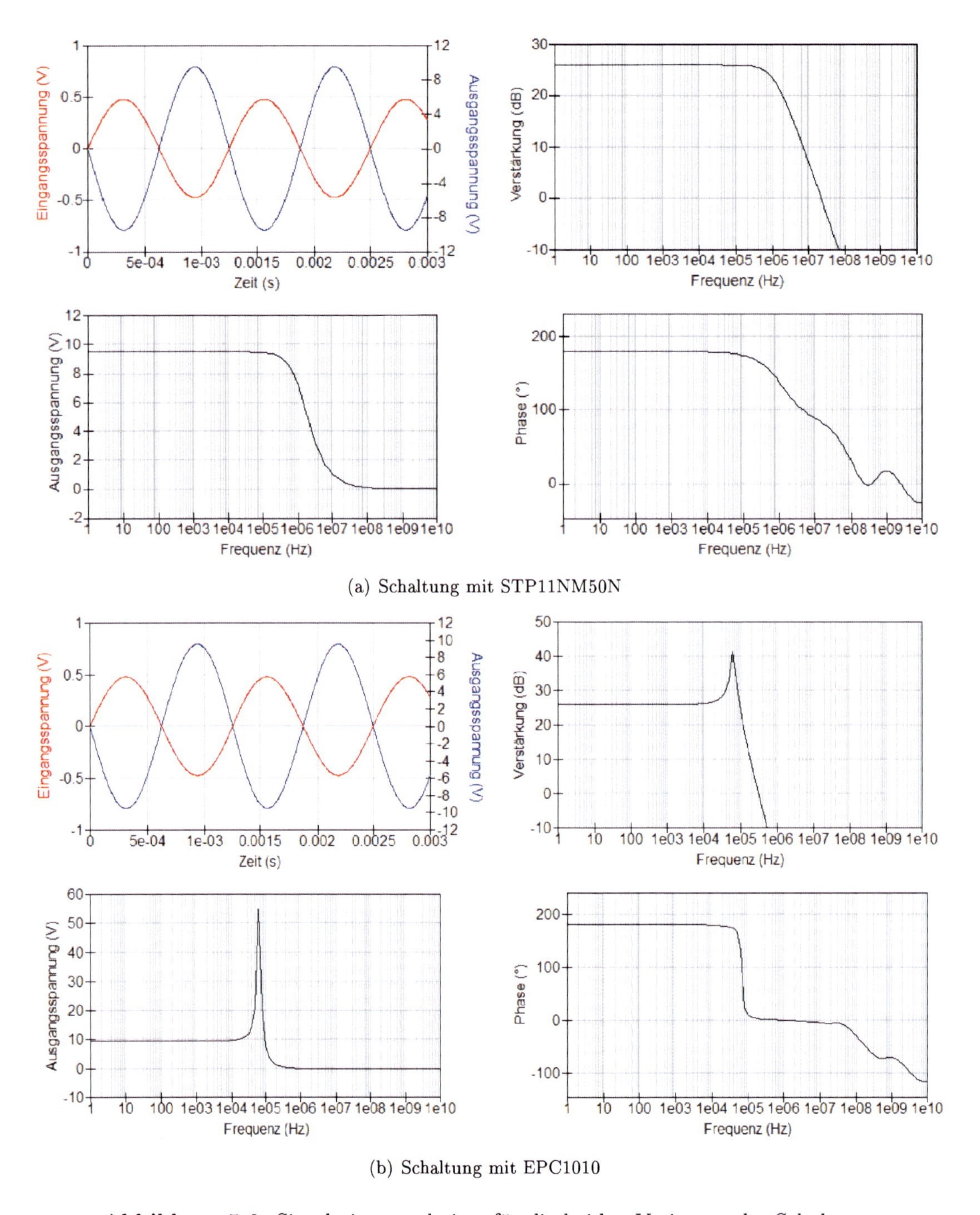

(a) Schaltung mit STP11NM50N

(b) Schaltung mit EPC1010

Abbildung 5.6: *Simulationsergebnisse für die beiden Varianten der Schaltung*

Verhalten der Eingangsspannung der Treiberstufe bzw. Ausgangsspannung des Differenzverstärkers (`Vtr_in`) erkennen kann, wie der Status der Stabilität der Schaltung ist. Solange `Vtr_in` in Phase mit der Ausgangsspannung und die Amplitude konstant ist, wie bei beiden Varianten für die ersten drei Frequenzen, ist die Schaltung stabil. Bei 8 kHz ist in beiden Fällen bereits die Phase von `Vtr_in` gegenüber `Vout` verschoben, aber die Amplitude ist gleich geblieben. Dies sind bereits erste Anzeichen der beginnenden Instabilität. Bei 80 kHz ist in beiden Fällen sowohl die Phase stark verschoben als auch die Amplitude stark erhöht, was auf Instabilität hindeutet.

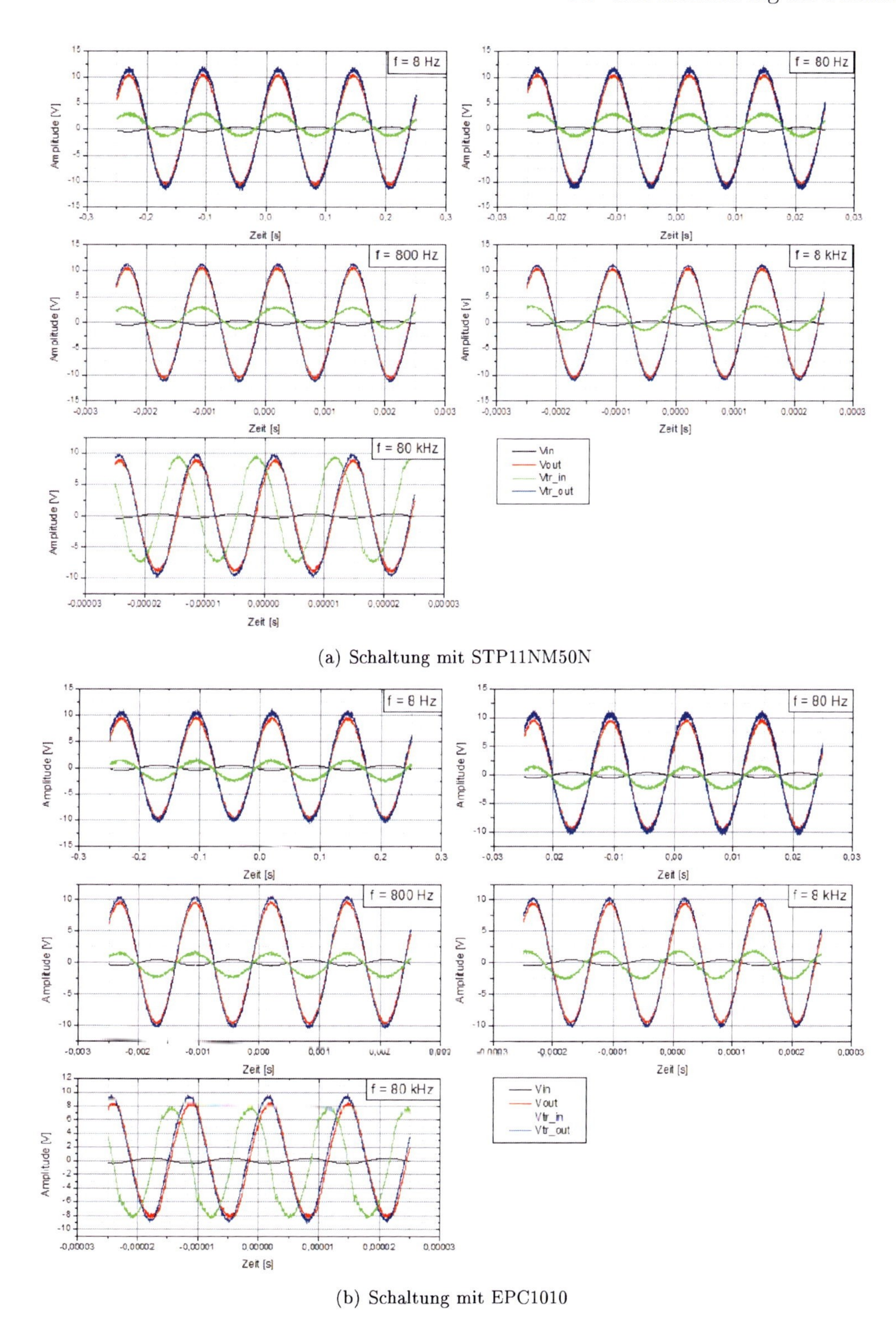

(a) Schaltung mit STP11NM50N

(b) Schaltung mit EPC1010

Abbildung 5.7: *Messergebnisse im Zeitbereich bei verschiedenen Frequenzen für die beiden Varianten der Schaltung*

In Abb. 5.8 sind die Bode-Diagramme für die beiden Messungen dargestellt. Im oberen Bild sind jeweils verschiedene Werte für die Verstärkung aufgetragen. `V_out/V_in` bezeichnet die Ge-

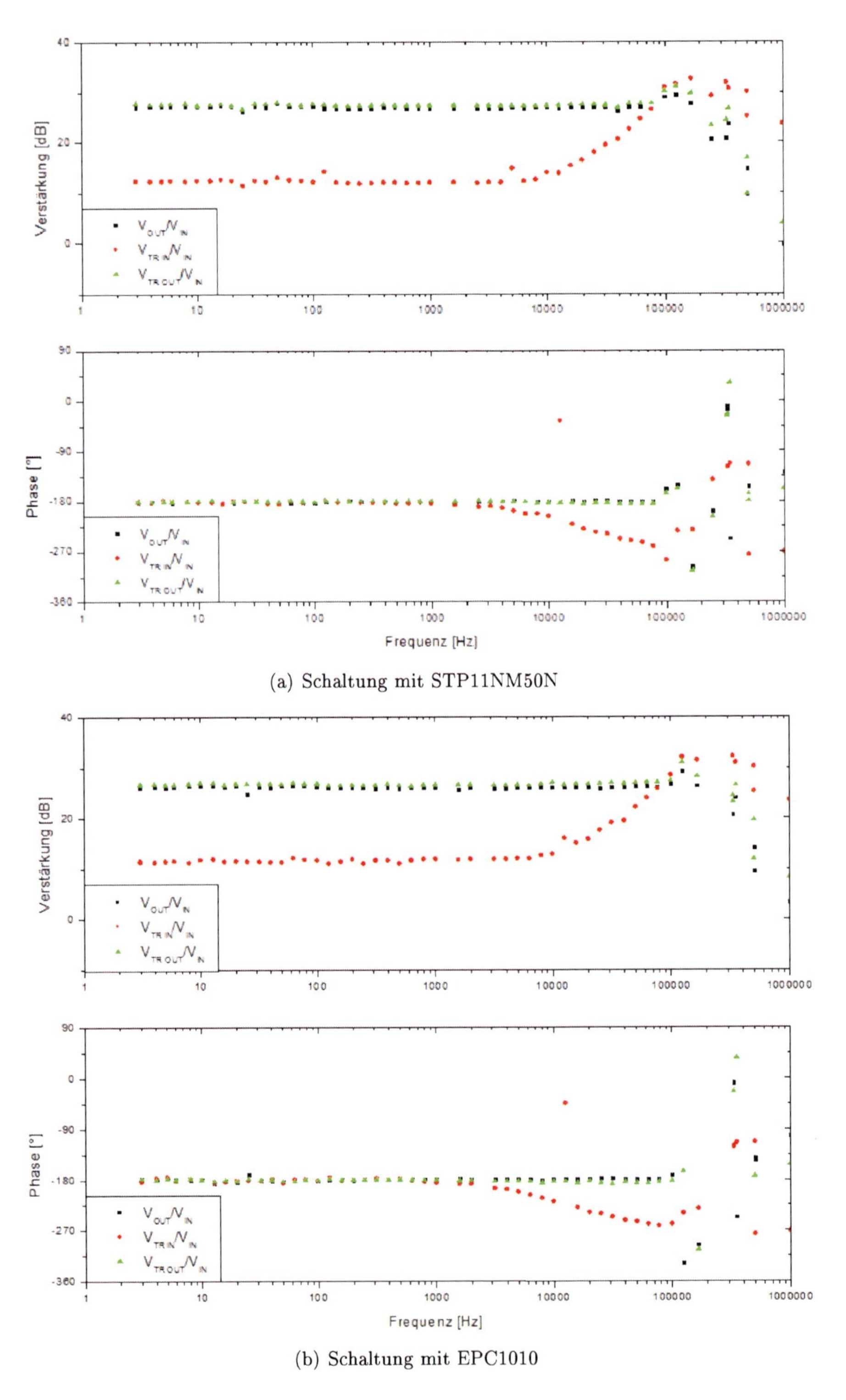

(a) Schaltung mit STP11NM50N

(b) Schaltung mit EPC1010

Abbildung 5.8: *Messergebnisse im Frequenzbereich (Bode-Diagramm) für die beiden Varianten der Schaltung*

samtverstärkung (`A` in der Simulation), `V_Tr_in/V_in` die Verstärkung des Differenzverstärkers berechnet aus dem Verhältnis der Eingangsspannung der Treiberstufe und der Eingangsspannung der Schaltung und $V_{Tr_{out}}/V_{in}$ die Verstärkung der Treiberstufe berechnet aus dem Verhältnis der Ausgangsspannung der Treiberstufe und der Eingangsspannung der Schaltung. Im unteren Bild ist jeweils zu den drei Werten für die Verstärkung die Phase aufgetragen, wobei bedingt durch den Messaufbau die Werte im Vergleich zur Simulation um -360° verschoben, aber betragsmäßig identisch sind.

Man sieht in allen Diagrammen, dass die Punkte für die Gesamtverstärkung praktisch identisch mit den Punkten für die Verstärkung der Treiberstufe sind. Dies entspricht den theoretischen Überlegungen, dass die Endstufe nicht zur Gesamtverstärkung beitragen soll. Durch Vergleich der beiden Abbildungen wird zudem schnell klar, warum bereits ab einer Frequenz von 8 kHz eine Phasenverschiebung von `Vtr_in` gegen `Vout` erkennbar und bei 80 kHz die Schaltung bereits instabil ist: Ab etwa 10 kHz beginnt die Verstärkung `V_Tr_in/V_in` anzusteigen, und die Phase beginnt in beiden Fällen bei etwa 2 kHz abzufallen, wobei -270°, also die Grenze für die Phasenreserve, ab der Instabilität einsetzt, bei etwa 80 kHz erreicht wird. Ab dieser Frequenz beobachtet man eine starke Streuung der Phasenwinkel: ein Zeichen für die einsetzende Instabilität in Form von Oszillationen. Bei der Gesamtverstärkung ist zu erkennen, dass diese bis ca. 100 kHz konstant bei 26 dB liegt, was der Simulation entspricht. Die Verstärkungsbandbreite, abzulesen als Frequenz bei einer Verstärkung von 0 dB für die Wertereihe `V_out/V_in`, liegt in beiden Fällen etwas unter 1 MHz. Leider lässt die Streuung der Messpunkte in diesem Frequenzbereich eine genaue Bestimmung nicht zu. Bis 10 kHz beträgt die Verstärkung 26 dB, danach fällt sie ab. Allerdings war aufgrund des nicht auf gutes Hochfrequenzverhalten optimierten Aufbaus auch keine höhere Bandbreite erwartet worden. Die gute Übereinstimmung des Maximalwerts der Verstärkung bestätigt jedoch die Gültigkeit der simulierten Werte.

5.3.2.2 Modifizierung der Endstufe infolge der Erkenntnisse aus den ersten Messungen

Bei den ersten Messungen konnte man feststellen, dass die Endstufentransistoren recht warm wurden, obwohl kein Lastwiderstand angeschlossen war und obwohl die verwendeten Transistoren vom normally-off-Typ waren, was bedeutet, das sie erst ab einer positiven Gate-Source-Spannung leitend werden. Daher fließt durch sie nur ein sehr kleiner Ruhestrom, und die ausgangsseitige Belastung war wegen des fehlenden Lastwiderstands auch gering. Dagegen sind die GaN-HEMTs im Gegensatz zu den ebenfalls GaN-basierten EPC1010 vom normally-on-Typ, d.h. ihre Gate-Source-Spannung ist negativ (im Bereich von -2 V). Dies wiederum bedingt in der vorliegenden Schaltung einen hohen Ruhestrom, zu dem sich dann noch der Betriebsstrom addiert, was wiederum zu einer starken Erwärmung der Bauteile und somit potentiell zu deren Zerstörung führen kann. Die Auswirkungen der hohen Ruheströme traten in der Simulation nicht zutage, da dort Temperatureffekte durch Erwärmung der Bauteile in die Modelle nicht einbezogen wurden. Daher wurden sie auch nicht in Betracht gezogen, wenngleich sich die Ruheströme an sich mit der Software hätten bestimmen lassen.

Es gibt schaltungstechnische Möglichkeiten, aus einem normally-on-Transistor einen normally-off-Transistor zu machen. Eine Möglichkeit ist in [Sie12] vorgestellt und in Abb. 5.9 gezeigt.

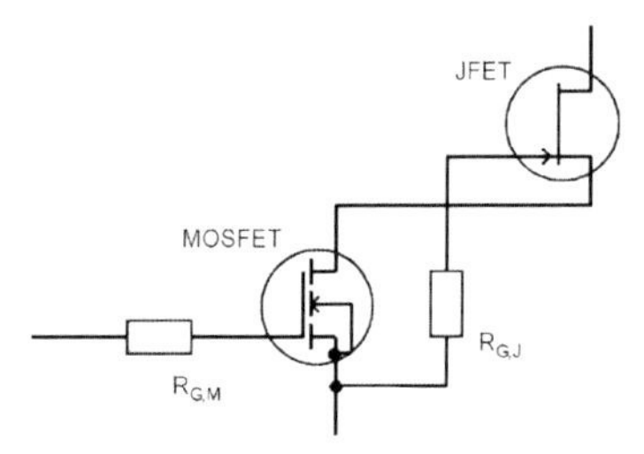

Abbildung 5.9: *Schaltungstechnische Realisierung von normally-off-Verhalten mit einem normally-on-JFET durch eine Kaskade aus MOSFET und JFET (aus [Sie12])*

Man muss lediglich einen (Si-)MOSFET wie in der Abbildung gezeigt dem JFET vorschalten. Mit dieser Schaltung ist es möglich, mit neuartigen JFETs Si-MOSFETs zu ersetzen und die verbesserten Eigenschaften auszunutzen, ohne die Nachteile der normally-on-Transistoren wie den erhöhten Ruhestrom und auch die Empfindlichkeit gegenüber Kurzschlüssen in Kauf nehmen zu müssen. [Sie12]

In der Simulation sieht man keinen Unterschied (insbesondere im Bode-Diagramm) zwischen den Varianten ohne und mit dieser Kaskadenschaltung. Bei der Messung stellte sich aber heraus, dass sich aufgrund der Erwärmung der Transistoren die Schaltung mit den GaN-HEMTs nur mit der Kaskade betreiben lässt. Als Vorschalte-MOSFETs wurden die Typen STP11NM50N und 60R099 verwendet.

5.3.2.3 Charakterisierung der Schaltung ohne Treiber

Unter Verwendung der im vorigen Abschnitt vorgestellten Kaskadenschaltung wurde die Treiberstufe überbrückt und die Schaltungsvarianten mit Si-MOSFETs als Endstufentransistoren und mit GaN-HEMTs/Si-MOSFETs im Vergleich charakterisiert. Aufgrund der modifizierten Endstufe sind an dieser Stelle beide Schaltungen abgebildet.

Bei dieser Messreihe wurde die Betriebsspannung des Differenzverstärkers auf ± 15 V erhöht und die Betriebsspannung der Endstufe aufgrund des fehlenden Treibers auf 20 V reduziert. Aufgrund der äußeren Beschaltung ergibt sich auch hier ein Verstärkungsfaktor von 19,05, was theoretisch in einer Ausgangsspannung mit der Amplitude 7,62 V resultieren sollte. Außerdem wurde hier ein Lastwiderstand von 1 kΩ angeschlossen, da mit der Kaskadenschaltung die Gefahr der Zerstörung der GaN-HEMTs durch Überhitzung stark reduziert und damit das Risiko überschaubar war. Die Rückkopplungskapazität wurde entfernt, da auch ohne sie keine Oszillationen auftraten und sie daher nur die Frequenzeigenschaften verschlechterte. Die folgende Tabelle fasst die Parameter bei der Messung zusammen.

Eingangs-OPV	THS3001	THS3001
Endstufentransistor	60R099	IAF-GaN-HEMT/60R099
V+	auf Masse	auf Masse
Betriebsspannung OPV	± 15 V	± 15 V
Betriebsspannung Endstufe	± 20 V	± 20 V
Betriebsstrom OPV	7 mA	7 mA
Betriebsstrom Endstufe	3 mA	3 mA
Amplitude Eingangsspannung	0,4 V	0,4 V
Rückkopplungswiderstand (R5)	20 kΩ	20 kΩ
Eingangswiderstand (R20+R6)	1,05 kΩ	1,05 kΩ
Lastwiderstand	1 kΩ	1 kΩ

Tabelle 5.2: *Parameter für die beiden in Abschnitt 5.3.2.3 vorgestellten Messungen*

In Abb. 5.11 sind die Simulationsergebnisse gezeigt. Für die 60R099 wurde wieder ein stark vereinfachtes Modell anstatt des exakteren SPICE-Modells benutzt, da sonst die Simulation fehlschlug. Man liest als Amplitude für die Ausgangsspannung 7,55 V ab, also nur geringfügig weniger als in der Abschätzung vorhergesagt. Die Verstärkung ist auch hier 26 dB, bei einer Bandbreite im oberen Fall von 100 MHz und im unteren von 10 MHz. Allerdings sind diese Werte aufgrund der groben Modelle nicht sehr verlässlich.

In den Abbildungen 5.12 und 5.13 sind die Messergebnisse zu den beiden Schaltungen dargestellt. Betrachtet man zunächst Abb. 5.12 (a), also die Variante mit Si-MOSFETs in der Endstufe, dann fällt sofort auf, dass die Spannungsamplitude gemessen vor der Endstufe etwas größer ist, als am Ausgang. Dies deckt sich mit der Simulation, die für die Verstärkung der Endstufe einen leicht negativen Wert aufweist. Außerdem fällt auf, dass bei 80 kHz, ohne dass vorher bei 8 kHz eine Phasenverschiebung oder eine Veränderung der Amplitude `Vtr_in` sichtbar wird, kein

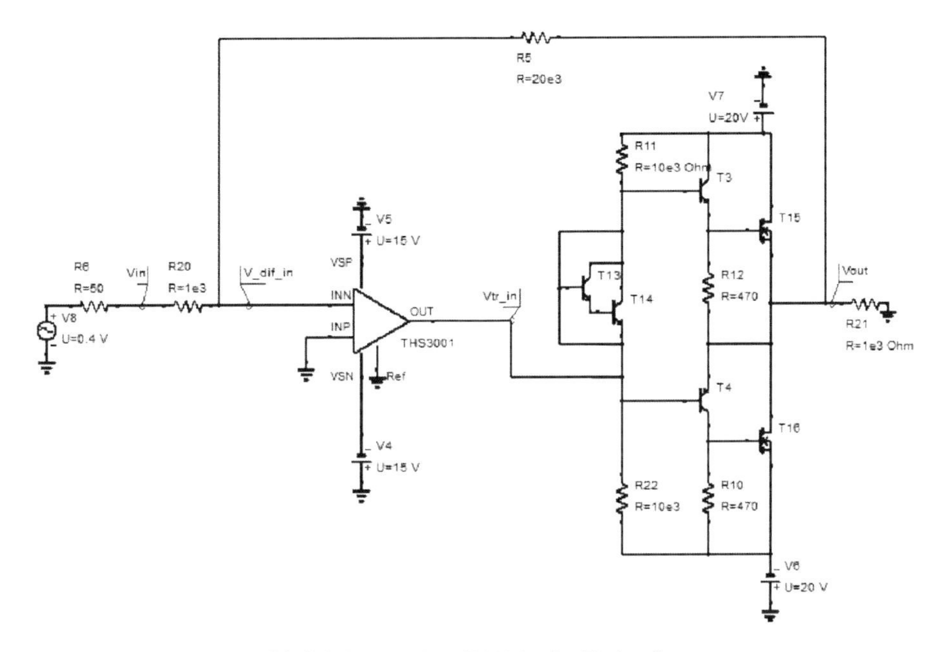

(a) Schaltung mit 60R099 in der Endstufe

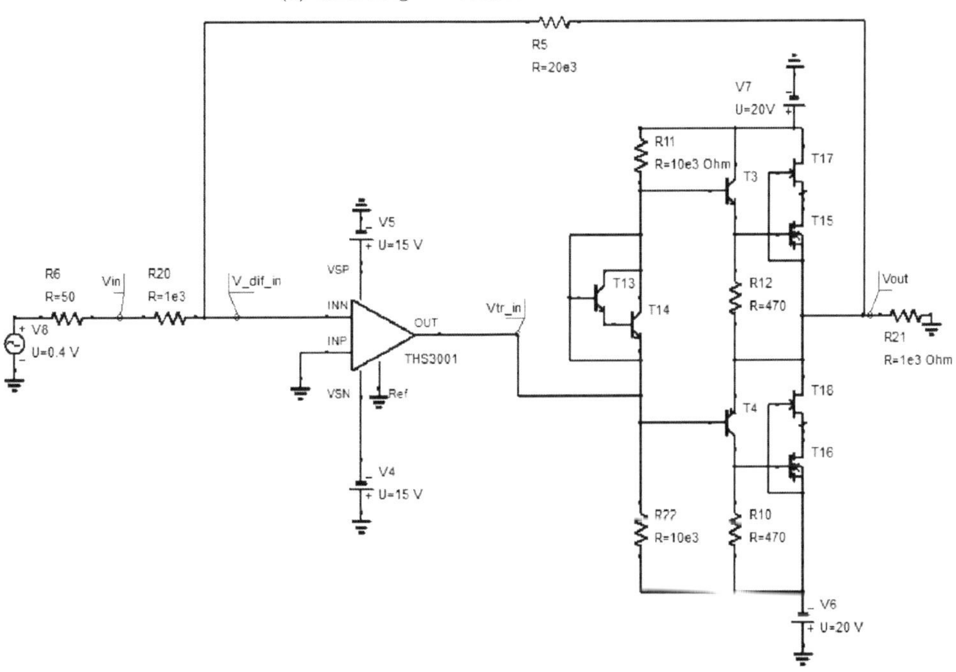

(b) Schaltung mit Kaskade aus GaN-HEMTs und 60R099 in der Endstufe

Abbildung 5.10: *Schaltungen für die Charakterisierung ohne Treiberstufe*

Ausgangssignal mehr vorhanden ist. Vergleicht man dieses Verhalten mit Abb. 5.13 (a), dann sieht man, dass bei etwa 26 kHz die Verstärkung abrupt vom Ausgangswert von 26 dB für die Gesamtverstärkung, der mit der Simulation übereinstimmt, auf 0 dB abfällt, was die Begründung für das fehlende Ausgangssignal bei 80 kHz ist. Die Bandbreite ist damit nur 26 kHz für diese Schaltung - in starkem Gegensatz zur hohen Bandbreite in der Simulation. Während die Phase der Gesamtschaltung über den gesamten betrachteten Frequenzbereich sehr stabil und konstant ist, weisen die Werte für den Eingangsteil der Schaltung eine große Streuung und einen stetigen Abfall um 180° ab ca. 30 kHz auf.

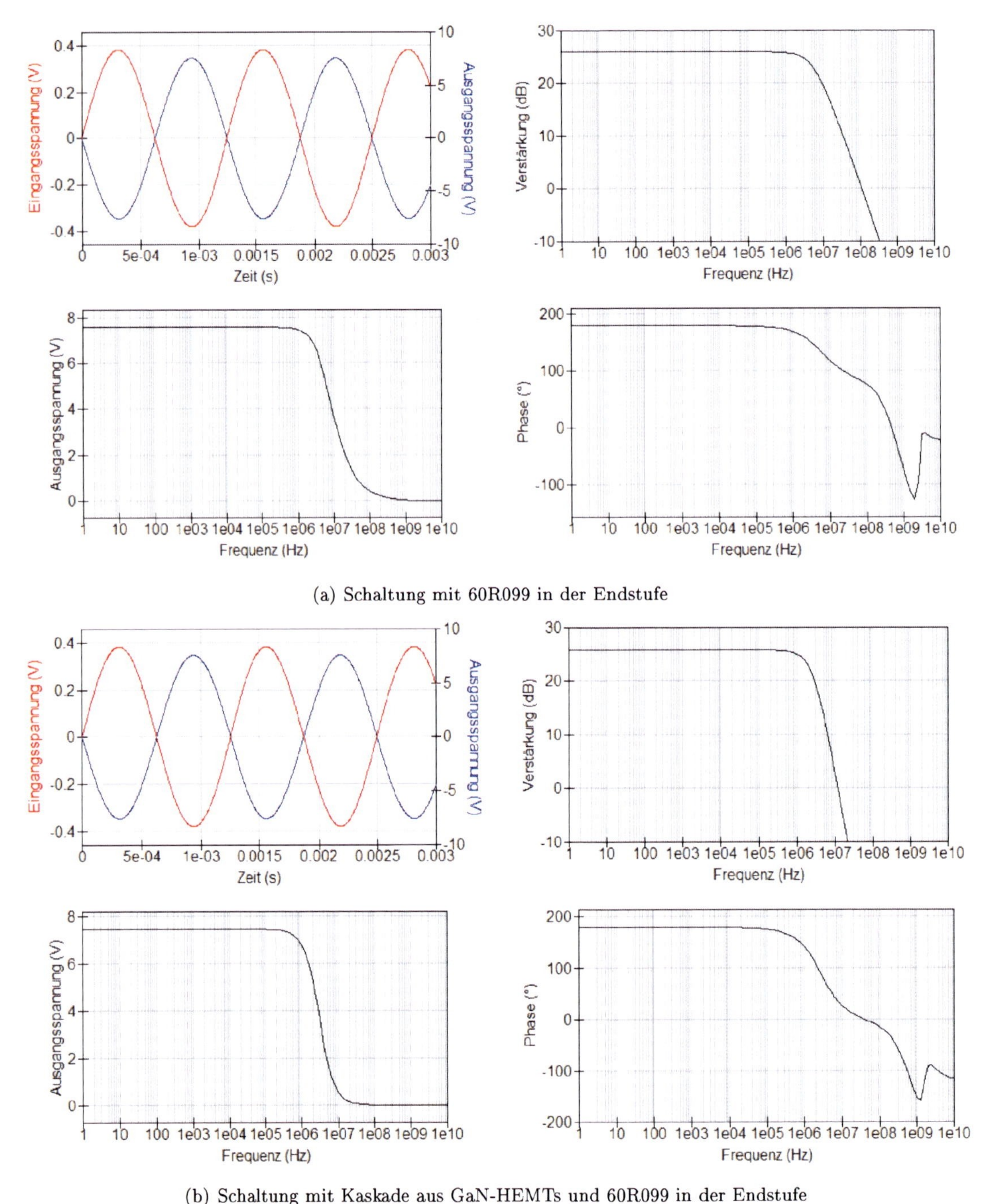

(a) Schaltung mit 60R099 in der Endstufe

(b) Schaltung mit Kaskade aus GaN-HEMTs und 60R099 in der Endstufe

Abbildung 5.11: *Simulationsergebnisse für die beiden Varianten der Schaltung*

Ein etwas anderes Verhalten zeigt sich bei der Betrachtung der Abb. 5.12 (b). Auch hier liegt die Amplitude von `Vtr_in` etwas höher als das Ausgangssignal, dessen Amplitude bei allen Frequenzen 8 V beträgt. Allerdings ist hier bei keiner Frequenz eine Phasenverschiebung oder Amplitudenveränderung von `Vtr_in` zu sehen, was auf ein stabiles Verhalten zumindest bis zu einer Frequenz von 80 kHz hindeutet.

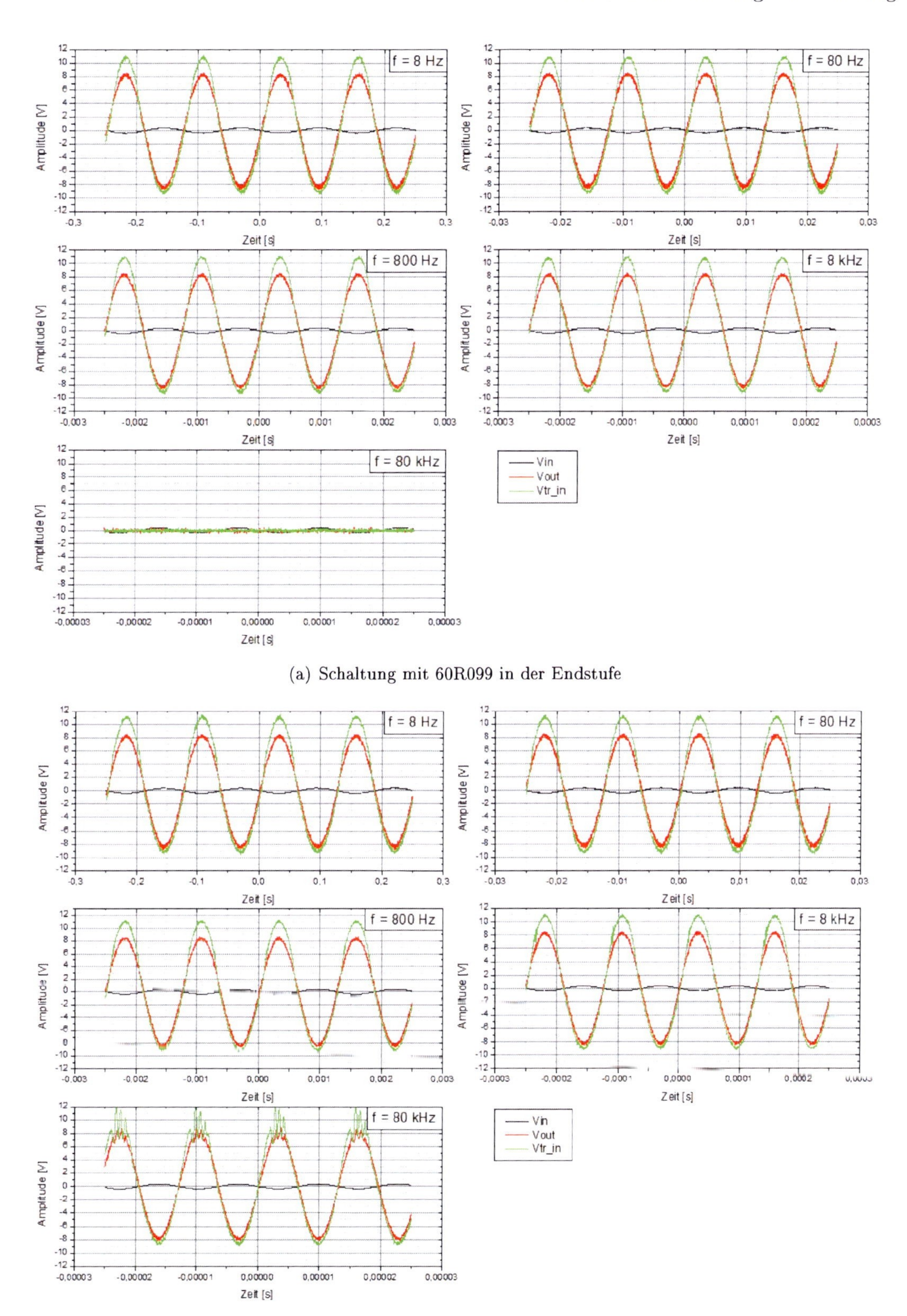

(a) Schaltung mit 60R099 in der Endstufe

(b) Schaltung mit Kaskade aus GaN-HEMTs und 60R099 in der Endstufe

Abbildung 5.12: *Messergebnisse im Zeitbereich bei verschiedenen Frequenzen für die beiden Varianten der Schaltung*

Ein Vergleich mit Abb. 5.13 (b) gibt Aufschluss über den Grund dieses Verhaltens: Auch hier ist die Verstärkung der Endstufe leicht negativ, weshalb auch hier die Werte für die Verstärkung des Eingangsverstärkers etwas über den Werten für die Gesamtverstärkung liegen.

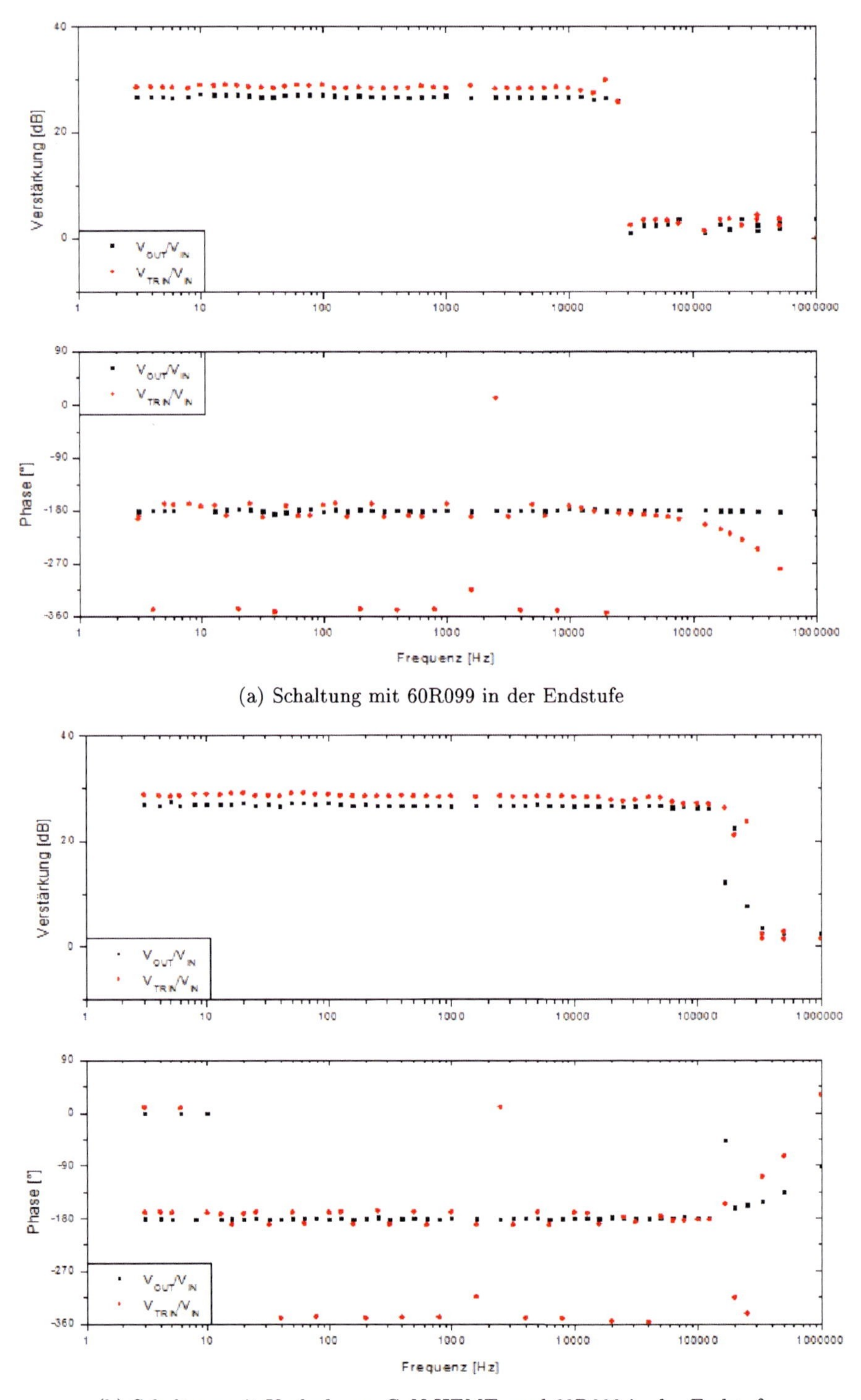

(a) Schaltung mit 60R099 in der Endstufe

(b) Schaltung mit Kaskade aus GaN-HEMTs und 60R099 in der Endstufe

Abbildung 5.13: *Messergebnisse im Frequenzbereich (Bode-Diagramm) für die beiden Varianten der Schaltung*

Diese beträgt wie erwartet 26 dB bis zu einer Frequenz von 125 kHz. Eine Reduzierung der Oszillationsneigung ab 80 kHz hätte man durch Einfügen von Kapazitäten an geeigneter Stelle versuchen können, allerdings mit dem Risiko noch geringerer Bandbreite. Die Optimierung des Hochfrequenzverhaltens wurde hier zunächst hintangestellt.

Bei dieser Schaltung ist die Bandbreite um 100 kHz größer als in der anderen Variante, ein erster Anhaltspunkt, dass mit GaN-Transistoren höhere Bandbreiten erzielbar sind. Auch bei dieser Schaltung ist das Phasenverhalten der Gesamtverstärkung stabil bei konstantem Wert bis zu der Frequenz, bei der die Verstärkung abfällt. Dahingegen streuen die Werte für den Eingangsverstärker sehr stark über den gesamten Frequenzbereich, was allerdings als Artefakt des Oszilloskops gedeutet werden kann, das hier offensichtlich nicht zwischen 0° und -180° unterscheiden kann.

5.3.2.4 Charakterisierung der kompletten Schaltung mit GaN-HEMT/MOSFET-Kaskade in der Endstufe

In diesem Abschnitt sollen im Vergleich die Messergebnisse der Schaltung mit MOSFETs und mit GaN-HEMT/MOSFET-Kaskade unter gleichen Messbedingungen vorgestellt werden, um - im Gegensatz zu den in Abschnitt 5.3.2.1 mit den kommerziellen EPC1010 - auch das Verhalten der GaN-HEMTs von Fraunhofer IAF zu zeigen. In Abb. 5.14 sind die beiden Schaltungen dargestellt.

Es wurde bei diesen Messungen eine höhere Eingangsspannung von 2 V gewählt, um die Erzielbarkeit von höheren Ausgangsspannungen zu demonstrieren. Daher musste auch die Verstärkung des Treibers angepasst werden. Dazu wurde die Verstärkung des Transistors T10 mittels der beiden Widerstände R17 und R18 auf 1 eingestellt, so dass sich mit R11 und R19 als Verstärkung der Treiberstufe ein Faktor von $22/3{,}9 = 5{,}64$ ergibt. Außerdem wurde mit R24 und R25 die Vorspannung so eingestellt, dass sich für die Endstufe Klasse A - Betrieb ergibt. Außerdem wurde der Widerstand R23 (20 kΩ) eingefügt, um den Eingangs-OPV zusätzlich separat rückzukoppeln und so die Stabilität der Schaltung zu verbessern. Allerdings führt diese zusätzliche Rückkopplung zu einer leichten Verringerung der Verstärkung. In der folgenden Tabelle sind die Parameter zu den Messungen in diesem Abschnitt zusammengestellt.

Eingangs-OPV	THS3001	THS3001
Endstufentransistor	STP11NM50N	IAF-GaN-HEMT/STP11NM50N
V+	auf Masse	auf Masse
Betriebsspannung OPV	± 15 V	± 15 V
Betriebsspannung Endstufe	± 60 V	± 60 V
Betriebsstrom OPV	8 mA	8 mA
Betriebsstrom Endstufe	5 mA	5 mA
Amplitude Eingangsspannung	2 V	2 V
Rückkopplungswiderstand (R5)	20 kΩ	20 kΩ
Eingangswiderstand (R20+R6)	1,05 kΩ	1,05 kΩ
Lastwiderstand	∞	∞

Tabelle 5.3: *Parameter für die beiden in Abschnitt 5.3.2.4 vorgestellten Messungen*

In den Abbildungen 5.15 und 5.16 sind die Ergebnisse der Simulation für die beiden Schaltungen dargestellt. Er sei nochmals betont, dass für die MOSFETs nicht die detaillierten SPICE-Modelle verwendet werden konnten, sondern die Standardmodelle für n-MOSFETs in QUCS, in denen lediglich die Schwellenspannung gemäß Datenblatt angepasst wurde. Daher ist insbesondere die berechnete Bandbreite wegen der fehlenden Angaben für die internen Kapazitäten fehlerbehaftet.

In Abb. 5.15 liest man eine Amplitude der Ausgangsspannung von 32,3 V ab. Die Gesamtverstärkung beträgt 24,6 dB (bis 10 MHz), was einem Faktor von 17 für die Spannungsverstärkung entspricht, was wiederum in etwa mit dem aus dem Verhalten im Zeitbereich abgelesenen Wert

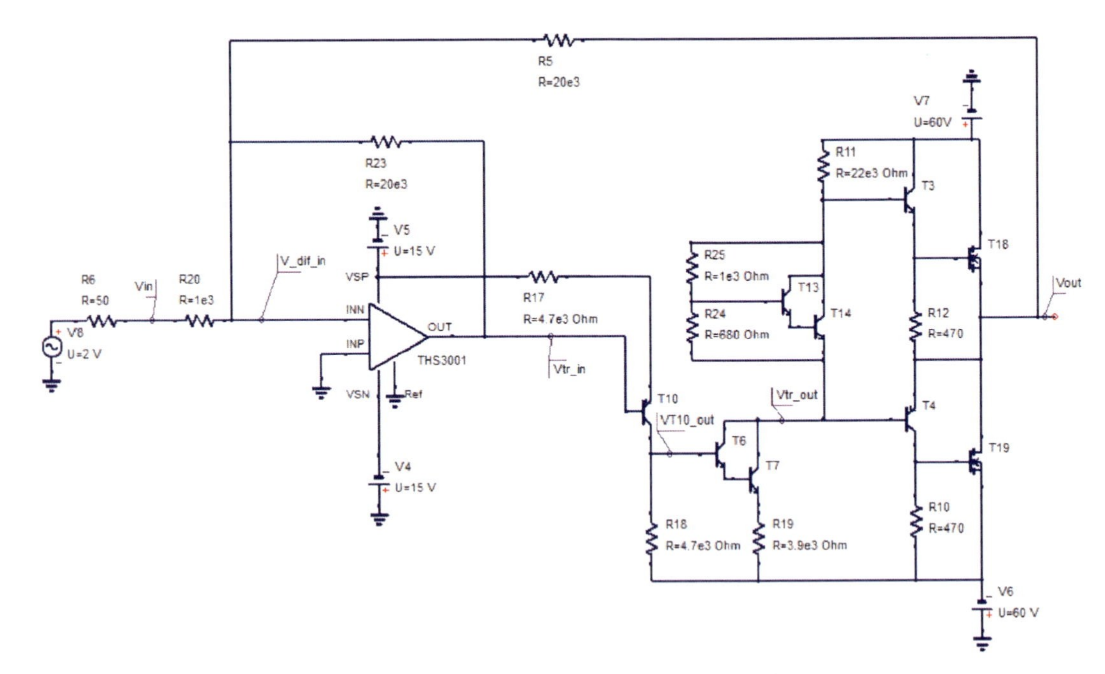

(a) Schaltung mit STP11NM50N in der Endstufe

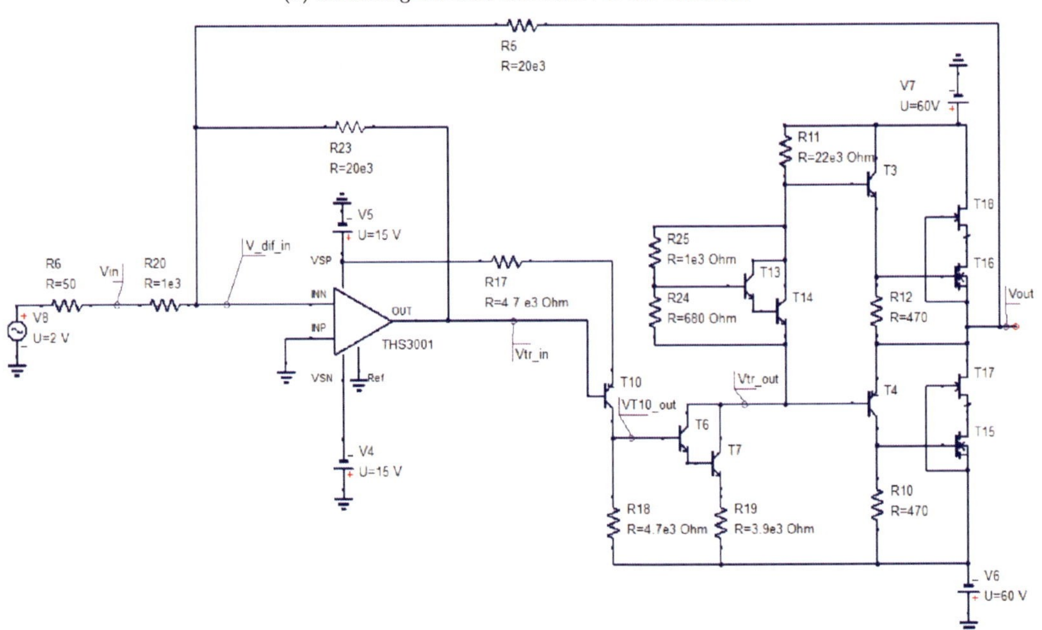

(b) Schaltung mit Kaskade aus GaN-HEMTs und STP11NM50N in der Endstufe

Abbildung 5.14: *Schaltungen für die Charakterisierung zum Vergleich des Verhaltens mit Si-MOSFETs und GaN-HEMT/MOSFET-Kaskade in der Endstufe*

übereinstimmt. Die Amplitude der Ausgangsspannung lässt sich auch nachvollziehen, wenn man die Amplitude von `Vtr_in` von 5,75 V mit der anhand der Widerstandswerte abgeschätzten Verstärkung der Treiberstufe von 5,64 multipliziert, was 32,4 V ergibt. Liest man die Verstärkung der Treiberstufe aus dem Graphen unten rechts ab, dann ergibt sich 15 dB, was wiederum einem Faktor von 5,62 entspricht. Die Tatsache, dass die Amplitude von `Vtr_out` von 32,3 V exakt der

Amplitude der Ausgangsspannung entspricht, zeigt, dass die Verstärkung hier wie gewünscht bei 0 dB liegt, wie im Diagramm unten rechts dargestellt.

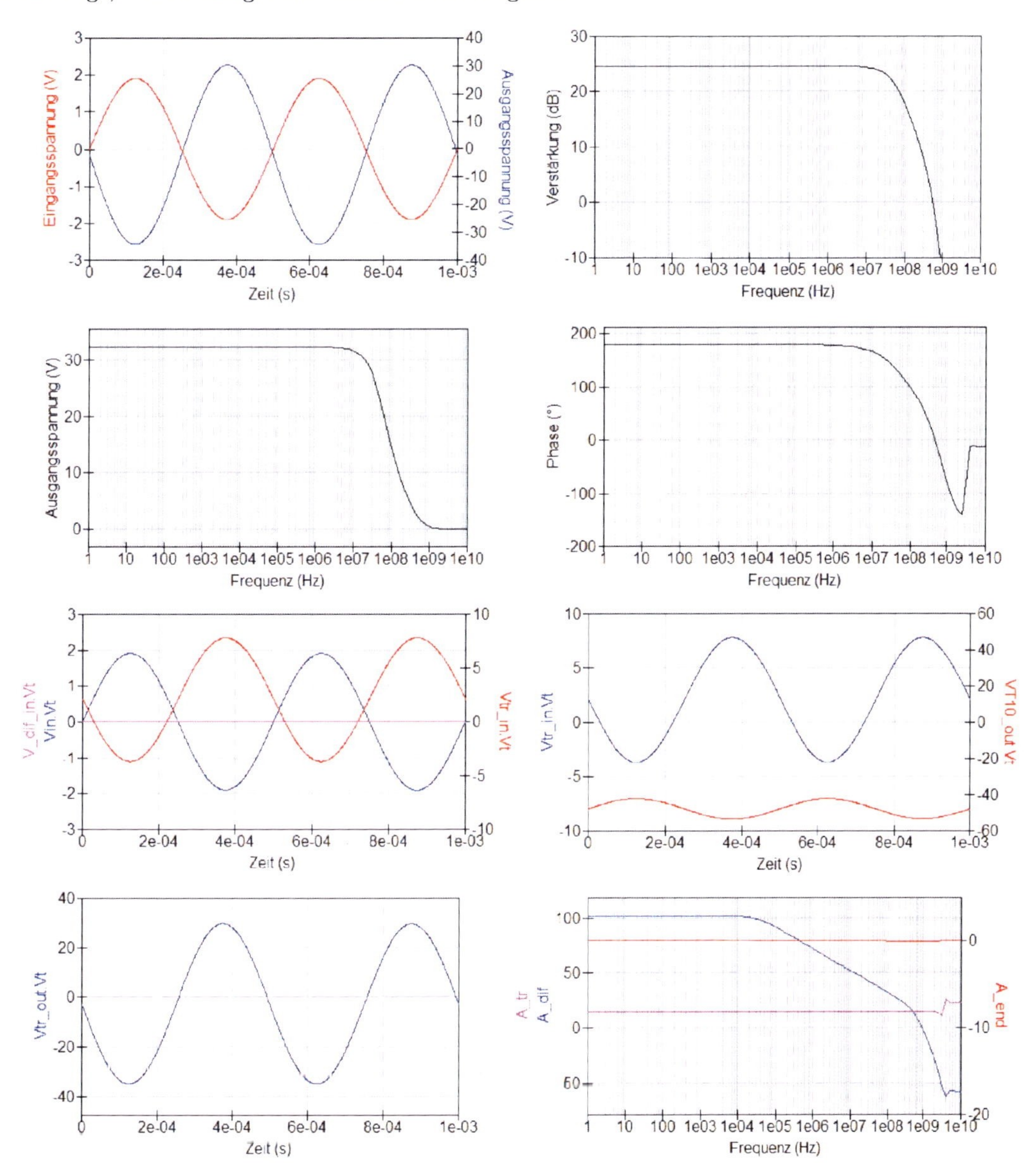

Abbildung 5.15: *Simulationsergebnisse für die Schaltung mit STP11NM50N in der Endstufe*

Abb. 5.17 zeigt die Simulationsergebnisse für die Schaltung mit GaN-HEMT/MOSFET-Kaskade in der Endstufe. Die Werte für die Verstärkung und die Amplitude der Ausgangsspannung sind hier identisch mit der oben diskutierten Schaltung. Der einzige Unterschied manifestiert sich in der Bandbreite. Man liest hier eine Gesamtverstärkung von 24,6 dB bis zu einer Frequenz von 25 MHz ab. Ab dieser Frequenz fällt die Verstärkung steil auf 0 dB bei 150 MHz, während bei der oberen Schaltung die Verstärkung erst bei 500 MHz 0 dB erreicht. D.h. also, obwohl im Fall des Si-MOSFETs das Modell von einem erheblich kleineren und nicht für hohe Spannungen ausgelegten Bauteils ausgeht und deshalb die Bandbreite wohl hier deutlich höher ist als in Realität, ist die Schaltung mit der Kaskade mit realistischem Modell für die GaN-HEMTs - zumindest in der Simulation - bei der Bandbreite ebenbürtig.

Betrachtet man die Messergebnisse im Zeitbereich in Abb. 5.18 für beide Schaltungen, dann

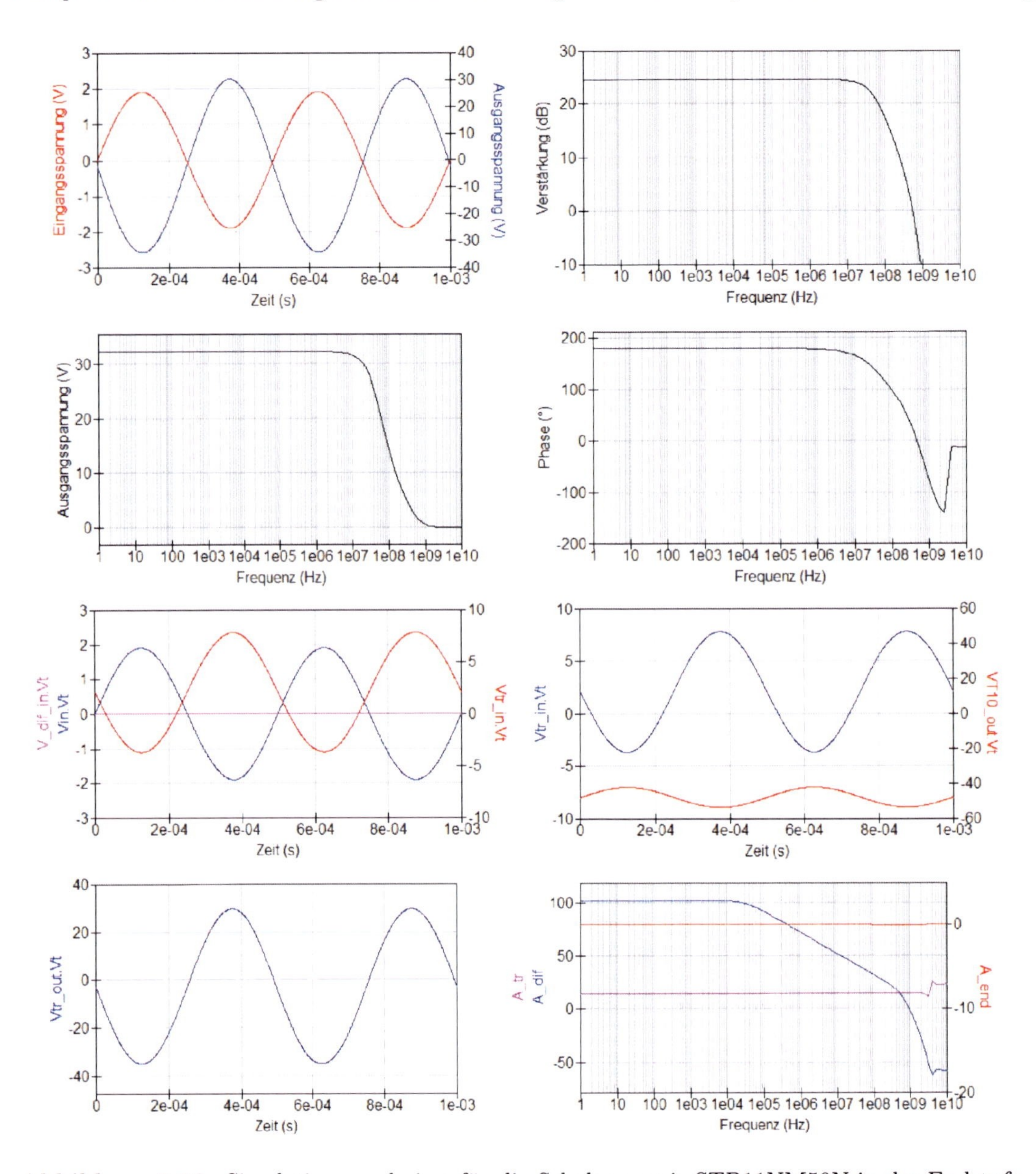

Abbildung 5.16: *Simulationsergebnisse für die Schaltung mit STP11NM50N in der Endstufe*

kann man ein nahezu identisches Verhalten beobachten. Insbesondere ist im betrachteten Frequenzbereich bis 80 kHz keine Veränderung von `Vtr_in` in Amplitude und Phase festzustellen, was für konstante Verstärkung und Phase in diesem Bereich spricht. Die Amplitude der Ausgangsspannung ist bei beiden Schaltungen etwas höher, als aufgrund der Simulation erwartet, nämlich etwa 35 V. Allerdings ist die Übereinstimmung angesichts der Unsicherheiten aufgrund parasitärer Widerstände und Kapazitäten in der Schaltung, die in der Simulation unberücksichtigt blieben, sehr gut.

Auch beim Vergleich der Bode-Diagramme in Abb. 5.19 treten beim Verhalten kaum Unterschiede zutage. Bei beiden Schaltungen beträgt die Gesamtverstärkung (`V_out/V_in`) 25 dB bis zu einer Frequenz von 125 kHz. Dies erklärt auch die konstante Amplitude und Phase von `Vtr_in` in Abb. 5.17 bei beiden Schaltungen über den dort betrachteten Frequenzbereich, sowie auch die gegenüber der Simulation geringfügig höhere Amplitude der Ausgangsspannung von 35 V. Ab etwa 125 kHz fällt die Verstärkung dann ab und erreicht in (b) bei etwa 500 kHz 0 dB, während dieser Punkt in (a) außerhalb des Messbereichs jenseits von 1 MHz liegt. Ab etwa 125 kHz wird bei beiden Schaltungen die Phase instabil, während sie vorher konstant bei betragsmäßig 180° verharrt. Als Ergebnis wird hier die schon in der Simulation zutage getretene Ebenbürtigkeit der beiden Schaltungen in der Bandbreite bestätigt und das Potential der Endstufe mit den GaN-HEMTs unterstrichen.

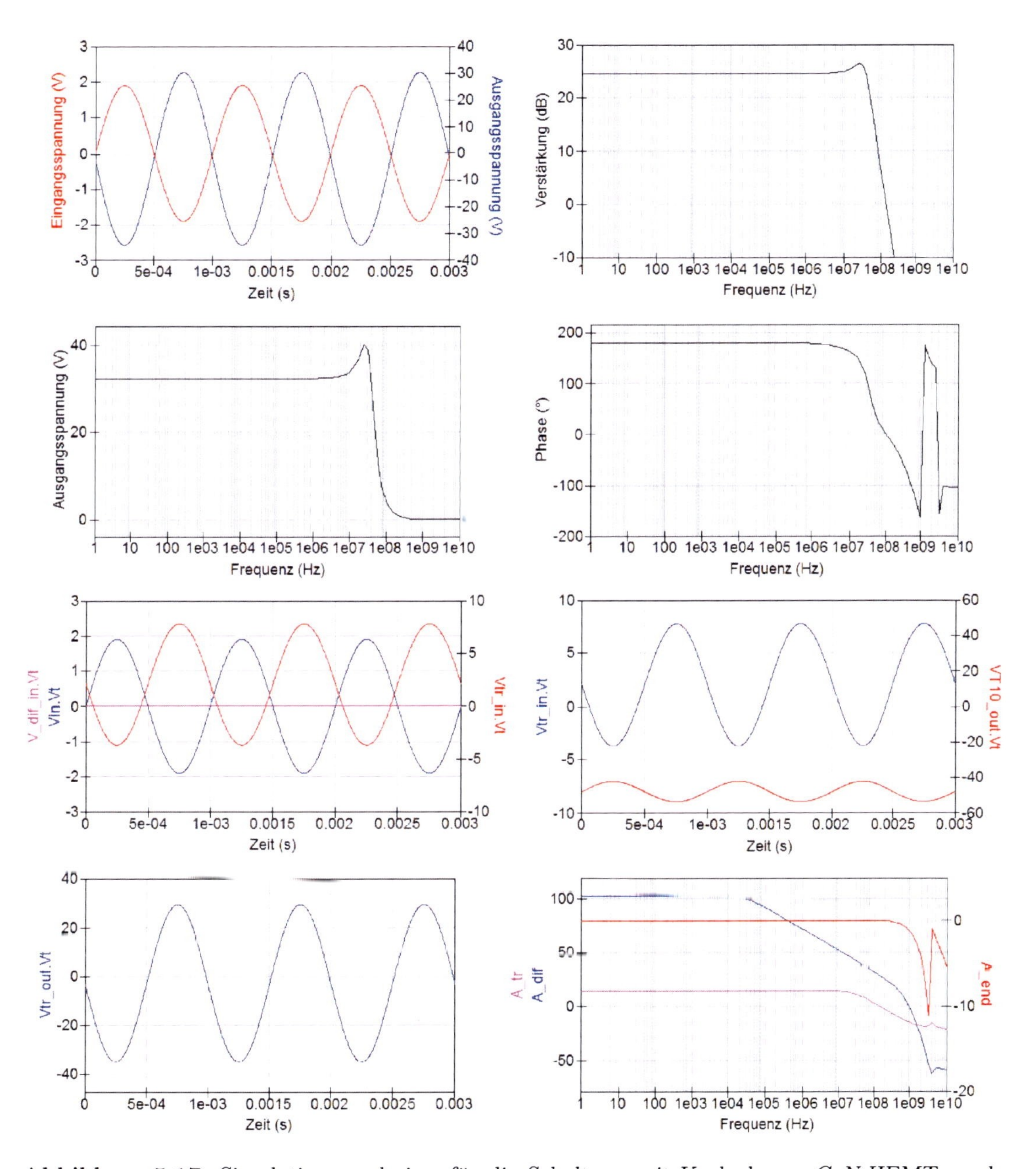

Abbildung 5.17: *Simulationsergebnisse für die Schaltung mit Kaskade aus GaN-HEMTs und STP11NM50N in der Endstufe*

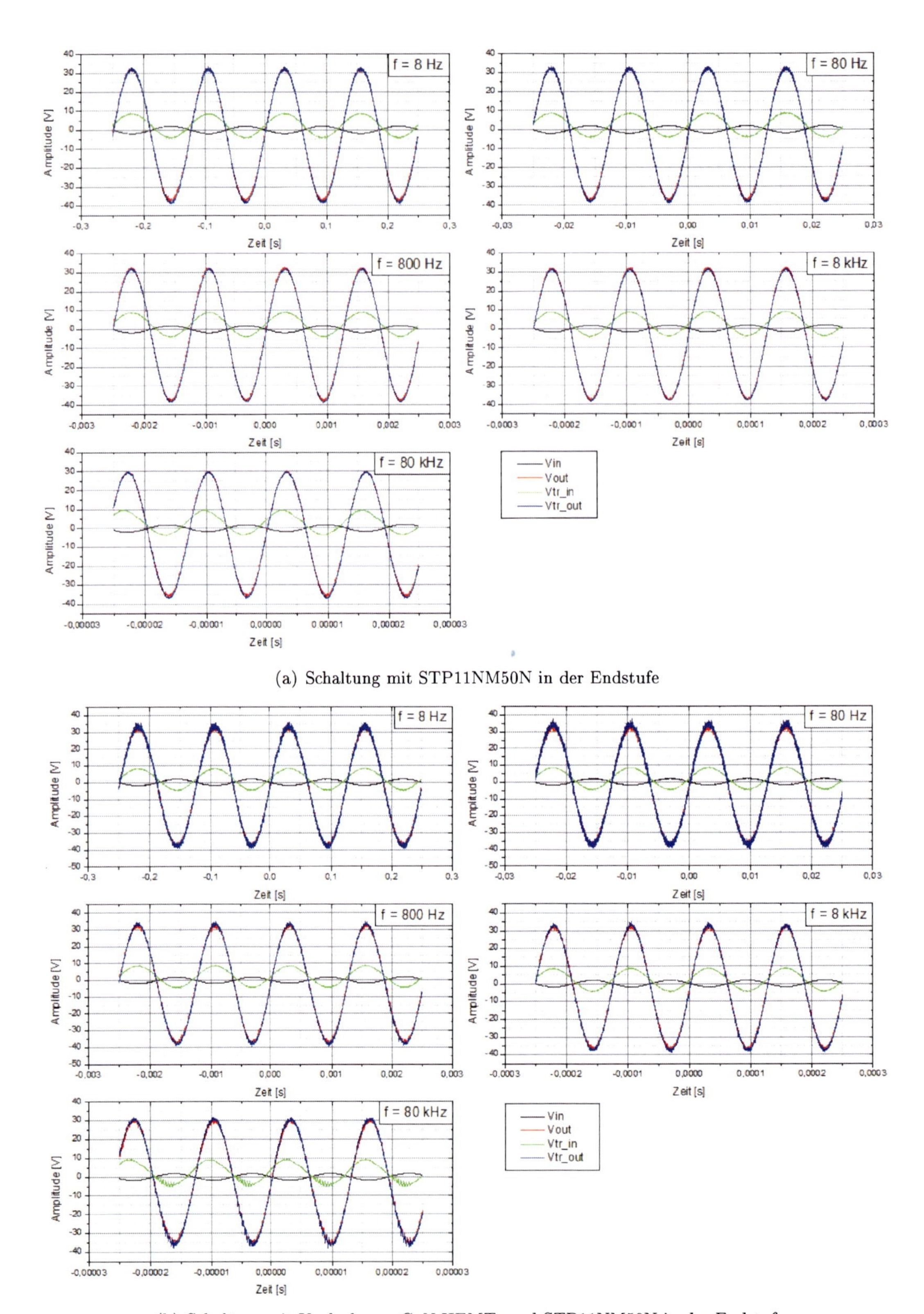

(a) Schaltung mit STP11NM50N in der Endstufe

(b) Schaltung mit Kaskade aus GaN-HEMTs und STP11NM50N in der Endstufe

Abbildung 5.18: *Messergebnisse im Zeitbereich bei verschiedenen Frequenzen für die beiden Varianten der Schaltung*

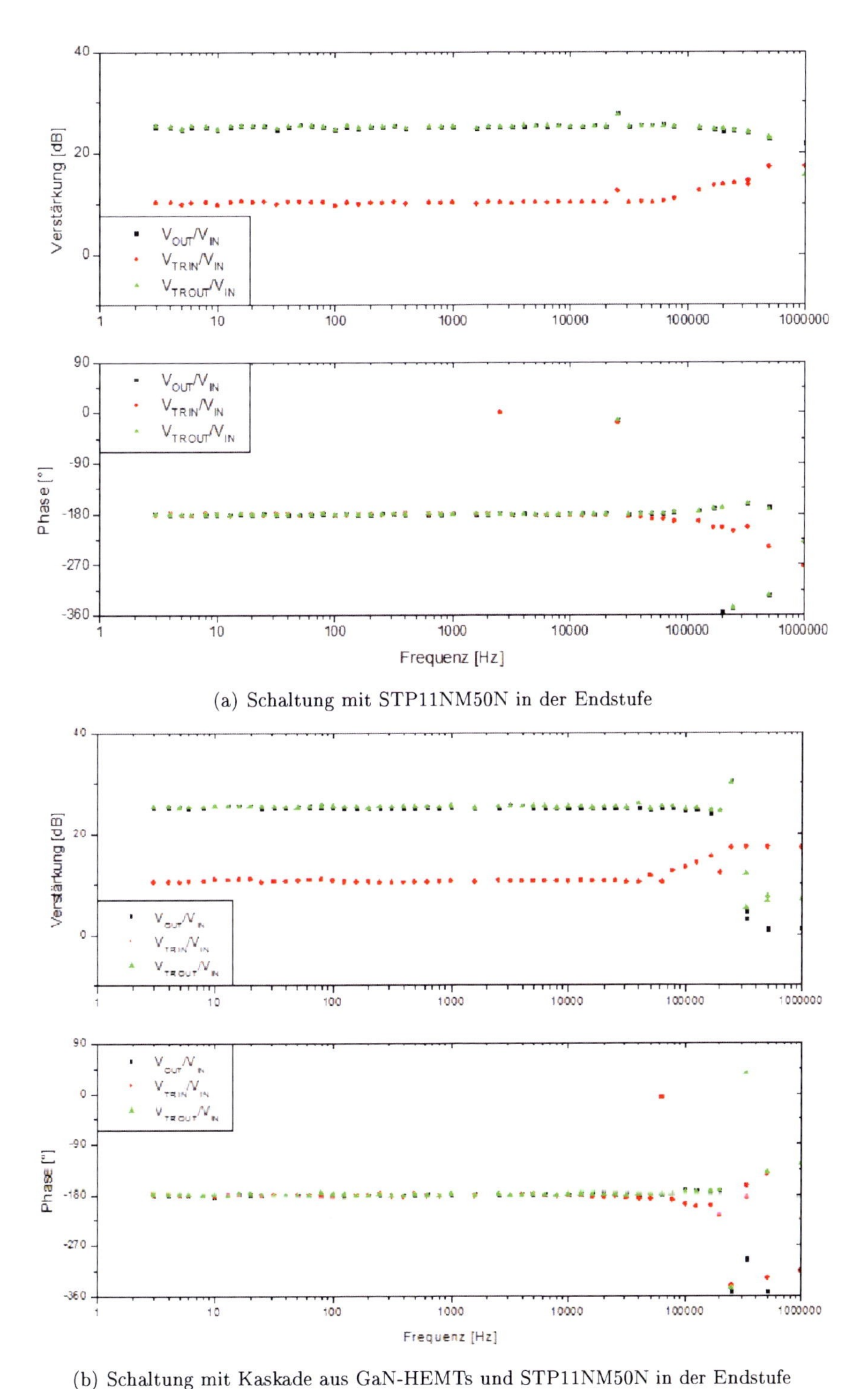

(a) Schaltung mit STP11NM50N in der Endstufe

(b) Schaltung mit Kaskade aus GaN-HEMTs und STP11NM50N in der Endstufe

Abbildung 5.19: *Messergebnisse im Frequenzbereich (Bode-Diagramm) für die beiden Varianten der Schaltung*

Wie schon erwähnt war schon vor der Realisierung klar, dass die in der Simulation beobachteten Bandbreiten wohl aufgrund der durch den hochfrequenztechnisch nicht optimierten Aufbau auf der Leiterplatte auftretenden parasitären Widerstände und Kapazitäten und außerdem infolge der Effekte der realen Kapazitäten der verwendeten Transistoren, die zumindest für die STP11NM50N nicht in die Simulation eingeflossen waren, in Realität deutlich kleiner ausfallen würden. Dies ist in den Messergebnissen deutlich sichtbar. Zur besseren Vergleichbarkeit von Simulation und Messung sind in Abb. 5.20 die Ergebnisse der Simulation zusammen mit den Messergebnissen in einem Bode-Diagramm aufgetragen. Man sieht hier, dass die Bandbreite in der realisierten Schaltung etwa um den Faktor 300 unterhalb der simulierten Bandbreite (500 kHz bei der realisierten Schaltung und 150 MHz in der Simulation) liegt.

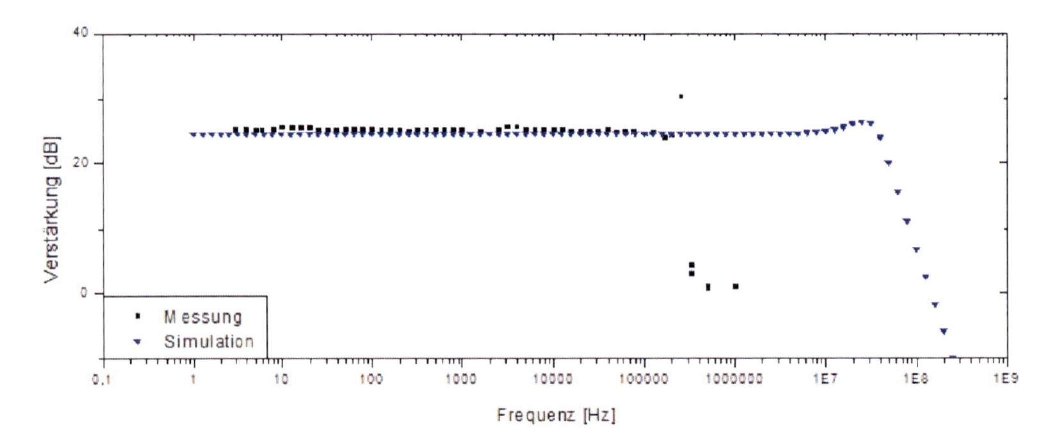

Abbildung 5.20: *Messergebnisse im Frequenzbereich (Bode-Diagramm) für die Variante mit Kaskade aus GaN-HEMTs und STP11NM50N im Vergleich mit der Simulation*

5.3.2.5 Charakterisierung der Endstufen

In diesem Abschnitt sollen die Ergebnisse der Charakterisierung der mit den verschiedenen Transistoren bestückten Endstufe in verschiedenen Betriebsarten vorgestellt werden. Diese Messungen wurden durchgeführt, um die Eigenschaften der verschiedenen in der Endstufe eingesetzten Transistoren losgelöst vom Rest der Schaltung und damit unverfälscht bestimmen zu können. Dazu wurden zunächst alle vier Endstufen-Transistoren (die GaN-HEMTs in Kaskadenschaltung) im Klasse B - Betrieb und danach noch exemplarisch die Endstufe mit STP11NM50N im Klasse AB - und Klasse A - Betrieb charakterisiert. Für die Charakterisierung der Endstufe wurde die Schaltung wie in Abb. 5.1 (b) gezeigt am Ausgang der Treiberstufe unterbrochen und an diesem Punkt das Eingangssignal eingespeist. Außerdem wurde die Schaltung noch parallel zu R13 um einen Widerstand von 10 kΩ ergänzt. Allen Messungen gemeinsam war dabei eine Betriebsspannung von ± 60 V, ein sinusförmiges Eingangssignal mit einer Amplitude von 2,5 V und ein Lastwiderstand von 2 kΩ.

5.3.2.5.1 Endstufe im Klasse B - Betrieb

Für die Charakterisierung der Endstufe im Klasse B - Betrieb wurden die beiden Widerstände R8 und R12 (s. Abb. 5.1) in der Pegelschieber-Schaltung durch eine leitende Verbindung ersetzt, wodurch der Pegelschieber wie gewünscht wirkungslos wird. Im Klasse B - Betrieb wird jetzt je nach Amplitude des Eingangssignals entweder der eine oder der andere Bipolartransistor leitend.

Abb. 5.21 zeigt die Schaltungen für die vier Varianten. Teil (a) stellt die Schaltung mit den Si-MOSFETs STP11NM50N oder 60R099, Teil (b) mit der Kaskade aus GaN-HEMTs und STP11NM50N und Teil (c) mit den EPC1010 dar.

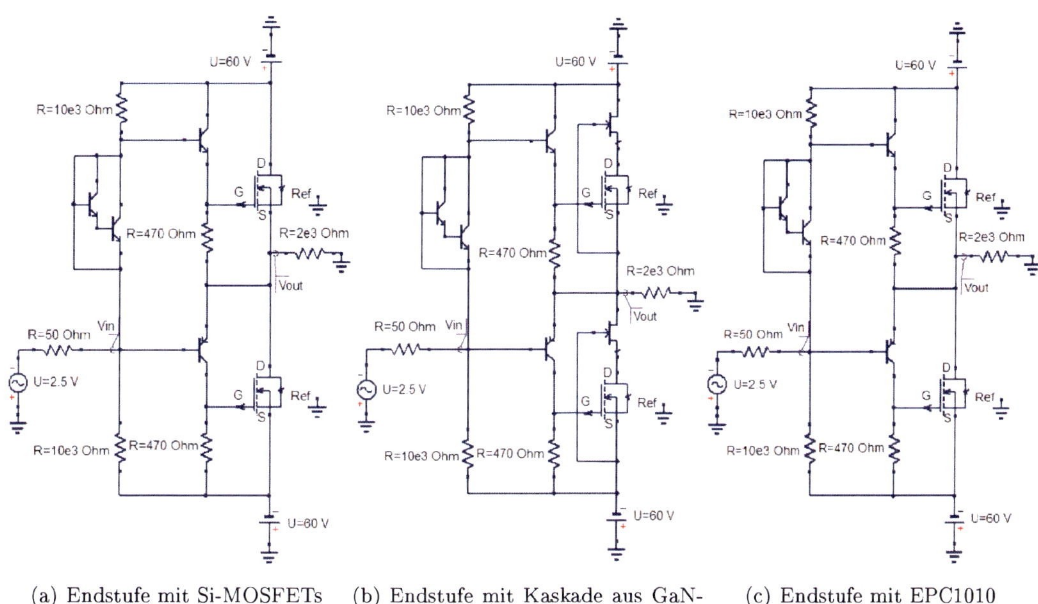

(a) Endstufe mit Si-MOSFETs (b) Endstufe mit Kaskade aus GaN-HEMTs und STP11NM50N (c) Endstufe mit EPC1010

Abbildung 5.21: *Verschiedene Varianten der Schaltung zur Charakterisierung der Endstufe im Klasse B - Betrieb*

In der Simulation zeigen alle vier Schaltungsvarianten im Zeitbereich das gleiche Verhalten, wie es exemplarisch für Schaltung (a) mit STP11NM50N in der Endstufe in Abb. 5.22 dargestellt ist. Die mittels AC-Simulation erzeugten Bode-Diagramme sind leider nicht mit den gemessenen Daten vergleichbar, da in der AC-Simulation keine nichtlinearen Effekte wie die in Abb. 5.22 sichtbaren Übernahmeverzerrungen berücksichtigt werden und die AC - Simulation stattdessen eine Linearisierung im Arbeitspunkt vornimmt. In Abb. 5.23 sind beim Verhalten der Ausgangsspannung die für Klasse B typischen Übernahmeverzerrungen bei einer Amplitude von 0 V gut zu erkennen. Diese entstehen dadurch, dass es zwischen dem Ausschalten des einen Transistors und dem Einschalten des anderen eine kleine Zeitverzögerung gibt. Diese Verzerrungen sind ein wesentliches Charakteristikum und gleichwohl ein großer Nachteil des Klasse B - Betriebs.

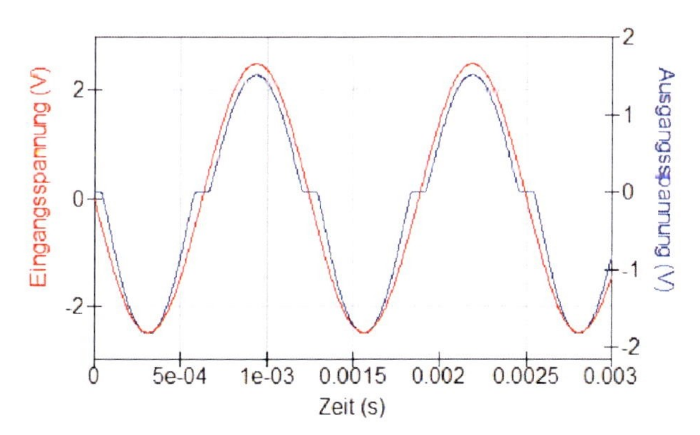

Abbildung 5.22: *Simulationsergebnis für das zeitliche Verhalten von Eingangs- und Ausgangsspannung am Beispiel der Endstufe mit STP11NM50N im Klasse B - Betrieb*

Sieht man sich die Daten aus den Messungen im Zeitbereich für 60R099 und STP11NM50N in der Endstufe an, wie sie in Abb. 5.23 abgebildet sind, dann sieht man auch deutlich die Übernahmeverzerrungen. Diese Übernahmeverzerrungen waren in den in Abschnitt 5.3.2.1 und

5.3.2.3 (Abb. 5.7 und 5.12) vorgestellten Messungen nicht sichtbar aufgrund der Gegenkopplung, durch die dieser Effekt unterdrückt wird.

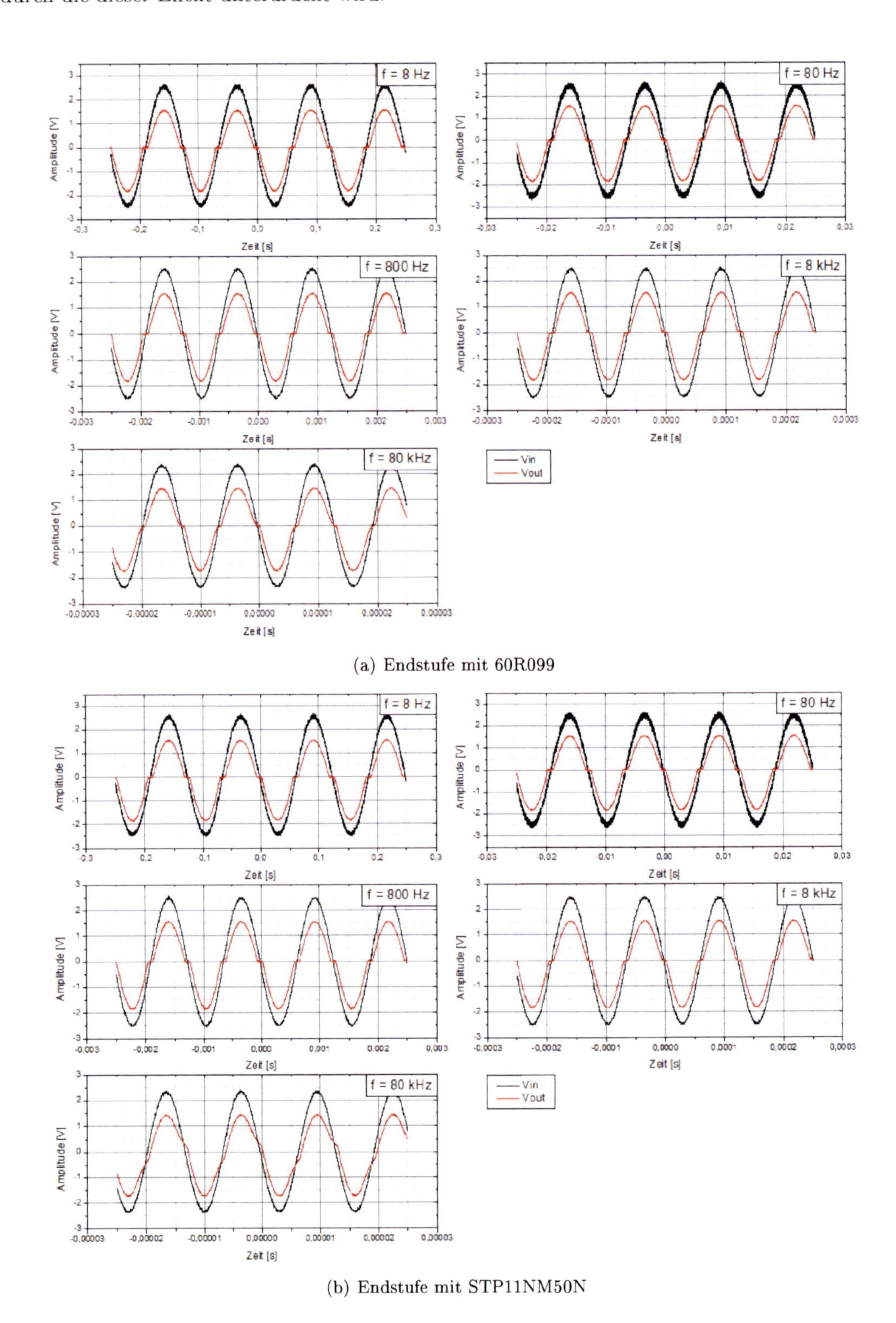

(a) Endstufe mit 60R099

(b) Endstufe mit STP11NM50N

Abbildung 5.23: *Messergebnisse im Zeitbereich bei verschiedenen Frequenzen für die Endstufe mit Si-MOSFETs im Klasse B - Betrieb*

Die gemessene Amplitude der Ausgangsspannung ist wie in der Simulation etwas kleiner als die der Eingangsspannung. Die Spannungsverstärkung ist also kleiner als 0 dB, was einer Dämpfung gleichkommt. Dieser Effekt ist im Klasse B - Betrieb besonders stark, insbesondere, da hier die Amplitude der Signalspannung in derselben Größenordnung liegt wie der Pegel der Übernahmeverzerrungen. Für eine Eingangsspannung von 2,5 V bei einer Schwellenspannung der beiden Transistoren von jeweils 0,7 V verringert die Endstufe im Klasse B - Betrieb die Ausgangsspannung auf mindestens 2,5 V - 2 × 0,7 V = 1,1 V, was etwa einer Dämpfung von 3,6 dB entspricht, was wiederum ansatzweise die in den Messungen beobachtete Dämpfung erklärt.

Unterschiede zeigen sich aber in den Bode-Diagrammen bei den Verstärkungsbandbreiten (s. Abb. 5.24).

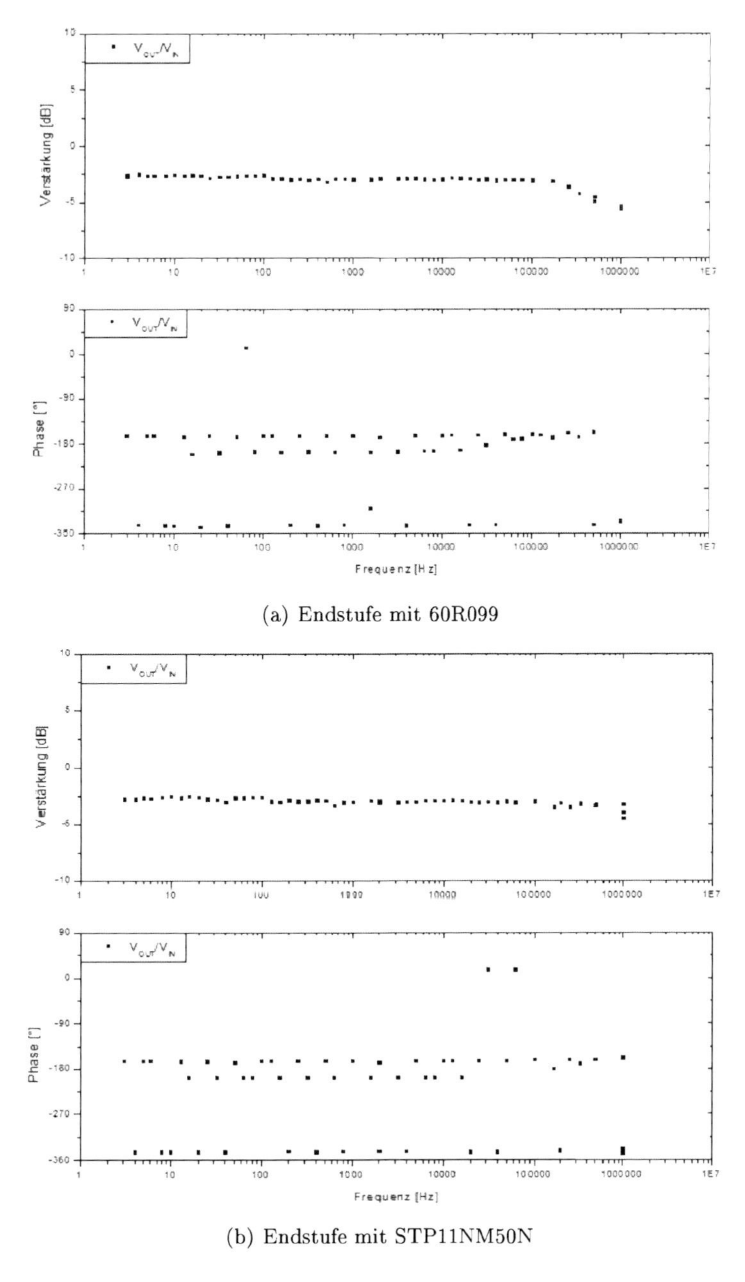

(a) Endstufe mit 60R099

(b) Endstufe mit STP11NM50N

Abbildung 5.24: *Messergebnisse im Frequenzbereich (Bode-Diagramm) für die Endstufe mit Si-MOSFETs im Klasse B - Betrieb*

Diese Unterschiede können als Folge der unterschiedlichen Gate-Ladung interpretiert werden. Für 60R099 ist im Datenblatt als Gate-Ladung 60 nC und für STP11NM50N 19 nC angegeben. Qualitativ sollte demnach die Bandbreite von 60R099 kleiner sein, da hier mehr Ladung umgeladen werden muss, was mehr Zeit benötigt. Genau dies ist auch in den Messungen zu beobachten: Die Verstärkung beginnt in 5.24 (a) bereits ab etwa 200 kHz abzufallen, und bei 500 kHz ist an den Werten der Phase zu beobachten, dass Instabilität einsetzt. In 5.24 (b) ist zu sehen, dass die Verstärkung über den gesamten Messbereich nahezu konstant bleibt.

In Abb. 5.25 sind für die GaN-basierten Endstufen-Schaltungen die Messdaten im Zeitbereich dargestellt.

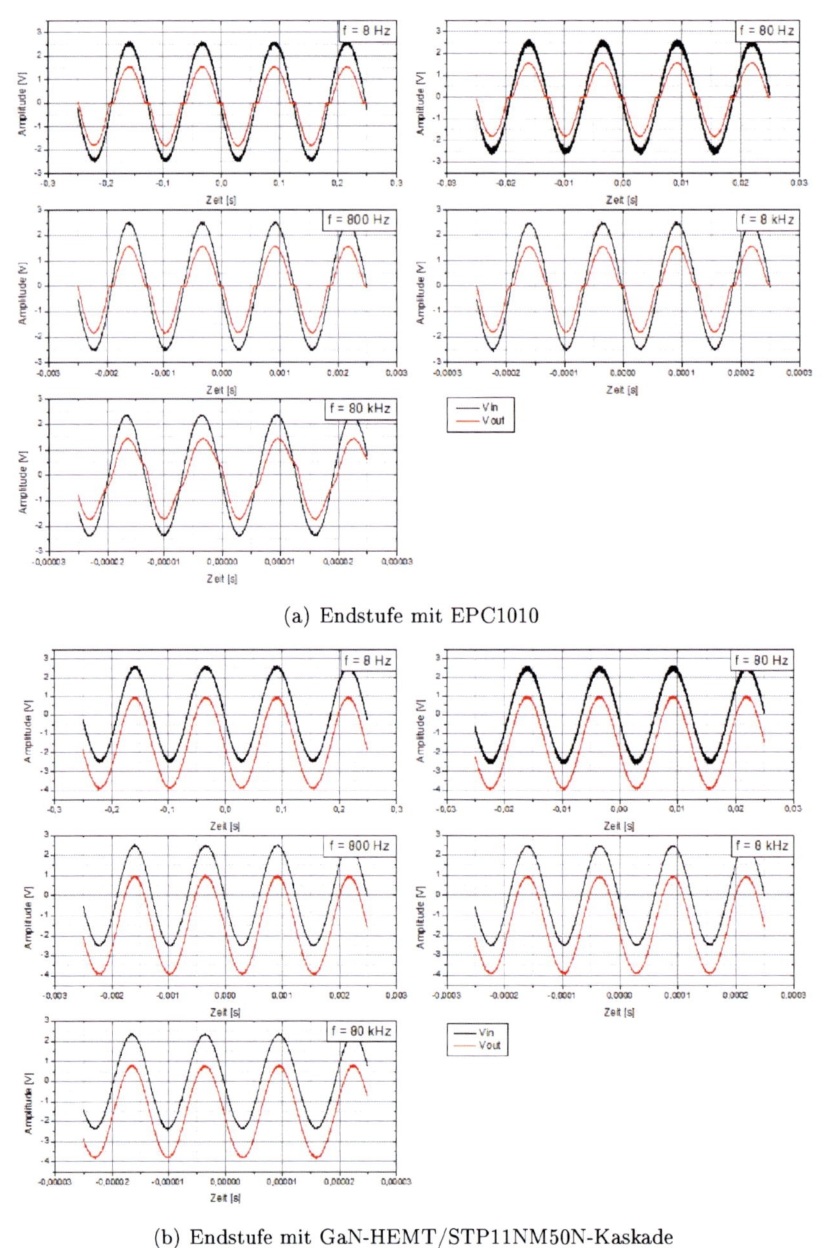

(a) Endstufe mit EPC1010

(b) Endstufe mit GaN-HEMT/STP11NM50N-Kaskade

Abbildung 5.25: *Messergebnisse im Zeitbereich bei verschiedenen Frequenzen für die GaN-basierten Endstufen im Klasse B - Betrieb*

In Abb. 5.25 (a) ist für die Endstufe mit EPC1010 zu beobachten, dass die Amplitude der Ausgangsspannung nur 1,6 V, also nur 64 % der Amplitude der Eingangsspannung von 2,5 V beträgt. Dagegen beträgt in Abb. 5.25 (b) mit der Endstufe mit GaN-HEMT/STP11NM50N-Kaskade die Amplitude der Ausgangsspannung mit 2,48 V 99 % der Eingangsspannungsamplitude. Auffällig ist aber hier der Offset zwischen Eingangs- und Ausgangsspannung, der auch bei der Charakterisierung der Gesamtschaltung mit dieser Endstufe im Klasse B - Betrieb auftrat. Die Ursache für diesen Offset kann durch eine Asymmetrie der Transistoreigenschaften entstehen. Gerade bei einer Quasikomplementärendstufe würde man dies als Ursache für einen solchen Effekt vermuten.

Abb. 5.26 zeigt die Bode-Diagramme für die beiden Schaltungsvarianten mit GaN-basierter Endstufe.

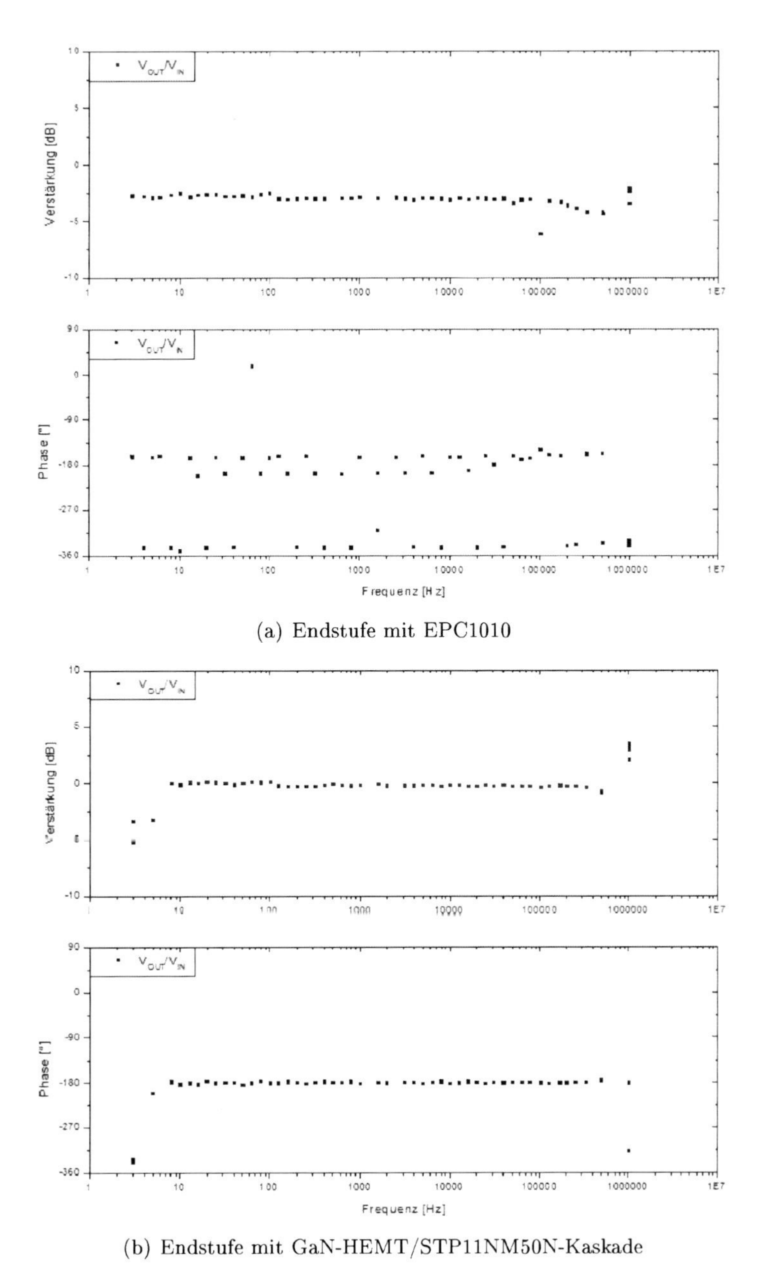

(a) Endstufe mit EPC1010

(b) Endstufe mit GaN-HEMT/STP11NM50N-Kaskade

Abbildung 5.26: *Messergebnisse im Frequenzbereich (Bode-Diagramm) für die GaN-basierten Endstufen im Klasse B - Betrieb*

Man liest hier für beide Schaltungsvarianten eine Verstärkungsbandbreite von etwa 1 MHz ab. Damit ist die Verstärkungsbandbreite für beide GaN-basierten Endstufen vergleichbar mit der Endstufe mit STP11NM50N in Abb. 5.23 (b). Im Fall der Endstufe mit EPC1010 in Abb. 5.25 (a) lässt sich dies ansatzweise qualitativ durch die kleine Gate-Ladung von 7,5 nC laut Datenblatt erklären. Im Fall der Kaskade aus GaN-HEMT und STP11NM50N ist das Ergebnis jedoch umso erstaunlicher, da hier sowohl die Gate-Ladung von etwa 10 nC der GaN-HEMTs laut [Wal12] als auch diejenige der STP11NM50N von 19 nC laut Datenblatt umgeladen werden müssen und die GaN-HEMTs aufgrund der großen Fläche und Durchbruchsspannung für diese Anwendung und im Vergleich mit den anderen eingesetzten Transistoren sehr groß dimensioniert sind. In Abb. 5.25 kann man also eindeutig das große Potential der GaN-Basierten Endstufen, insbesondere dasjenige der GaN-HEMTs, sehen.

5.3.2.5.2 Endstufe im Klasse AB - Betrieb

Für den Betrieb der Endstufe in Klasse AB müssen die beiden komplementären Transistoren so angesteuert werden, dass der eine bereits knapp über der Schwellenspannung ist, während der andere leitet. So verhindert man die im Klasse B - Betrieb im vorherigen Abschnitt beobachteten Übernahmeverzerrungen bei der Übergabe der Signalverstärkung vom einen an den anderen Transistor. Für die Konfiguration der Widerstände kann entweder auf die Schaltung des μA741 (s. Abb. 2.18) zurückgegriffen werden, die für Klasse AB - Betrieb konfiguriert ist, oder es können alternativ die beiden Widerstände R8 und R12 (s. Abb. 5.1) in der Pegelschieber-Schaltung komplett weggelassen werden. Diese Konfiguration wurde - aus Gründen der Einfachheit - für die Messungen verwendet (s. Abb. 5.27).

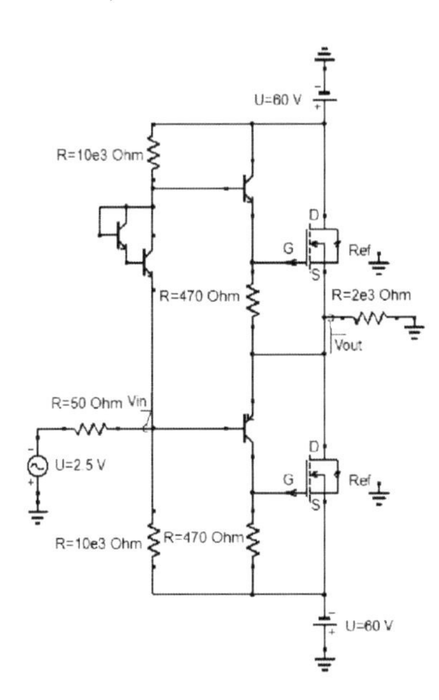

Abbildung 5.27: *Schaltung zur Charakterisierung der Endstufe mit STP11NM50N im Klasse AB - Betrieb*

Die Ergebnisse der Simulation für Klasse AB - Betrieb der Endstufe mit STP11NM50N wurden bereits in Abb. 4.24 vorgestellt und sollen hier nicht mehr gesondert für die Betriebsspannung von $\pm$ 60 V und die Eingangsspannung von 2,5 V gezeigt werden, da sich durch diese veränderten Parameter qualitativ nichts am Verhalten ändert.

In der graphischen Darstellung der Messdaten im Zeitbereich in Abb. 5.28 (a) erkennt man sofort, dass wie erwartet keine Übernahmeverzerrungen zu sehen sind. Gemäß den Simulationsergebnissen ist die Amplitude der Ausgangsspannung mit 2,1 $\pm$ 0,1 V etwas kleiner als die der

Eingangsspannung von 2,5 V aus demselben Grund wie schon für den Klasse B - Betrieb beschrieben. Die Verstärkungsbandbreite (s. Abb. 5.28 (b)) entspricht derjenigen im Klasse B - Betrieb (s. Abb. 5.24 (b)) und beträgt ca. 1 MHz.

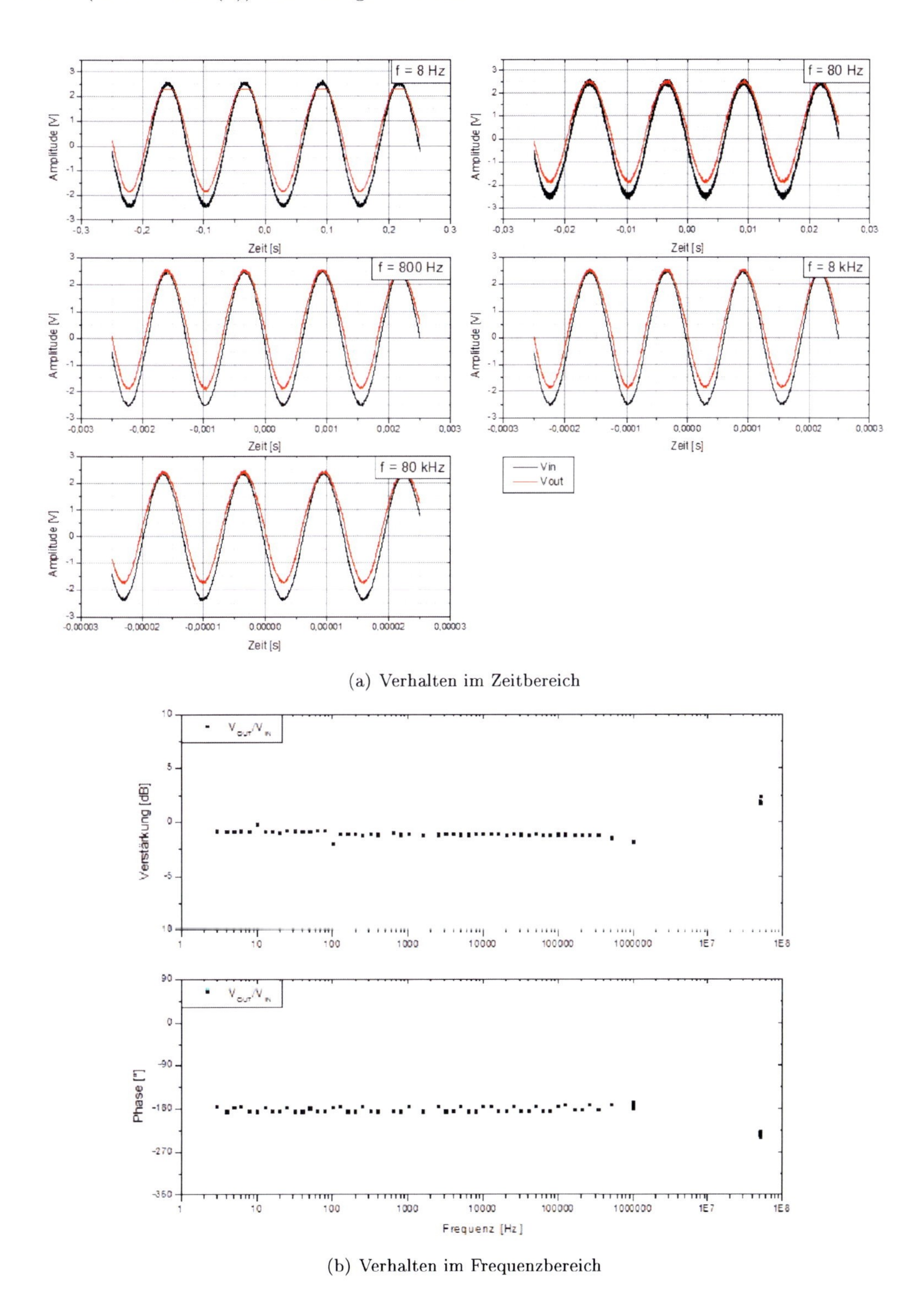

(a) Verhalten im Zeitbereich

(b) Verhalten im Frequenzbereich

Abbildung 5.28: *Messergebnisse im Zeit- und Frequenzbereich für die Endstufe mit STP11NM50N im Klasse AB - Betrieb*

5.3.2.5.3 Endstufe im Klasse A - Betrieb

Für den Betrieb in Klasse A muss über den Pegelschieber die Vorspannung so eingestellt werden, dass beide komplementäre Transistoren sicher immer leitend sind, d.h. deutlich über ihrer Schwellenspannung im linearen Bereich der Kennlinie betrieben werden. Der Bestimmung der beiden Widerstände R_1 und R_2 liegt die Betrachtung des Pegelschiebers als ein Spannungsteiler (s. Abb. 5.29 (a)) zugrunde.

Die Widerstände R_1 und / oder R_2 im Pegelschieber werden häufig als Potentiometer realisiert. Selbst bei kommerziell erhältlichen Verstärkern (z.B. Audio-Verstärker) werden hier häufig Potentiometer eingesetzt, da die Toleranzen in den Bauteildaten zu großen Toleranzen beim Ruhestrom führen können. Mit einem Potentiometer lässt sich die Gesamtspannung über dem Pegelschieber $U_{R_1+R_2}$ so einstellen, dass man einen gewünschten Ruhestrom durch die Endstufentransistoren erhält. Im vorliegenden Fall wurden allerdings keine Potentiometer eingesetzt, sondern auf Erfahrungswerte bei der Auslegung der beiden Widerstände zurückgegriffen. Es wurde daher für R_1 (R_{12} in Abb. 5.1 (b)) 1 kΩ und für R_2 (R_8 in Abb. 5.1 (b)) 680 Ω in die Schaltung eingesetzt und die Messung durchgeführt.

Abb. 5.29 (b) zeigt die zur Charakterisierung der Endstufe mit STP11NM50N im Klasse A - Betrieb verwendete Schaltung.

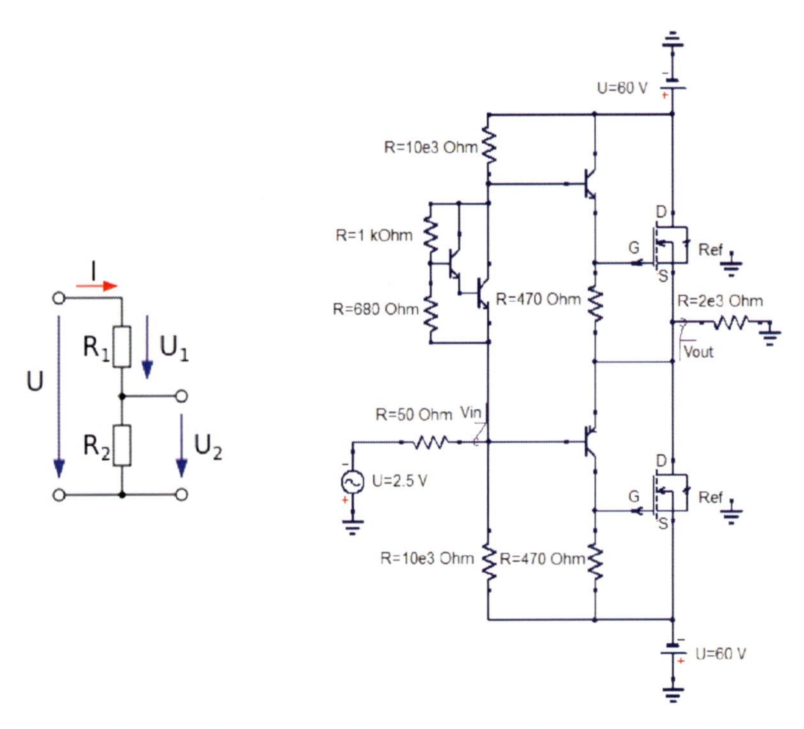

(a) Prinzipbild eines Spannungsteilers

(b) Schaltung für die Messungen an der Endstufe im Klasse A - Betrieb

Abbildung 5.29: *(a) Prinzipbild eines Spannungsteilers mit zwei Widerständen und (b) Schaltung zur Charakterisierung der Endstufe mit STP11NM50N im Klasse A - Betrieb*

In den Messergebnissen zeigt sich im Zeitbereich, dass auch im Klasse A - Betrieb keine Übernahmeverzerrungen auftreten. Bei dieser Betriebsart erkauft man sich jedoch diese Eigenschaft mit ständigem Stromfluss durch alle Transistoren der Endstufe und damit durch eine hohe Verlustleistung. Die Ausgangsspannung weist auch hier einen Offset gegenüber der Eingangsspannung auf, was vermutlich auf eine nicht exakt eingestellte Vorspannung zurückzuführen ist. Die

Amplitude der Ausgangsspannung entspricht hier genau der Amplitude der Eingangsspannung. Dieses Ergebnis kann man auch in Abb. 5.30 (b) ablesen, denn die Verstärkung beträgt bis 1 MHz 0 dB. Auch die Phase ist bis zu dieser Frequenz konstant bei |180°|. Bei höheren Frequenzen kann man den Ansatz einer Resonanz erahnen. Zusammenfassend kann man sagen, dass kaum Unterschiede zum Verhalten im Klasse AB - Betrieb erkennbar sind.

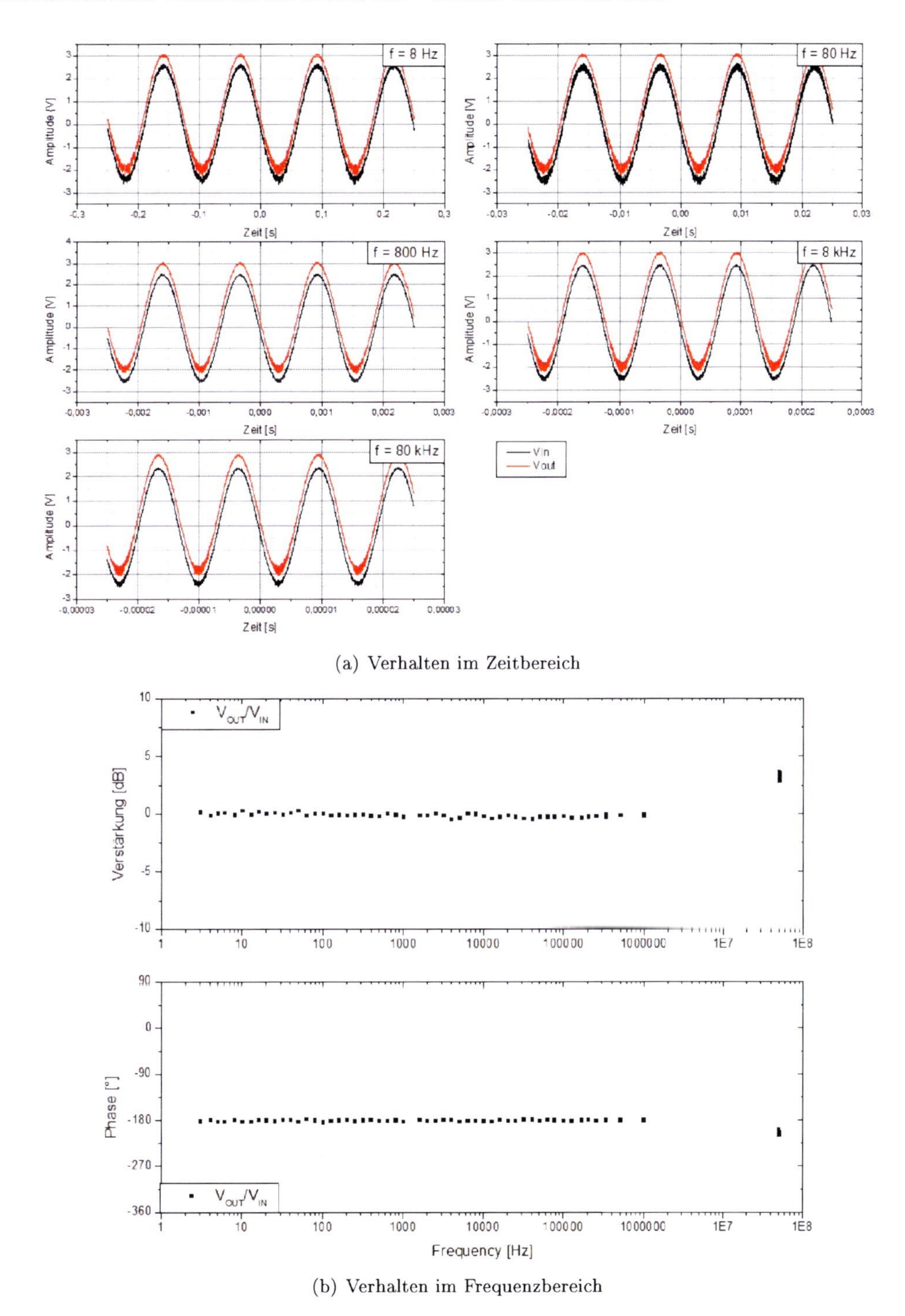

(a) Verhalten im Zeitbereich

(b) Verhalten im Frequenzbereich

Abbildung 5.30: *Messergebnisse im Zeit- und Frequenzbereich für die Endstufe mit STP11NM50N im Klasse A - Betrieb*

5.3.3 Zusammenfassung der Erkenntnisse aus den Messungen

Zum Abschluss dieses Kapitels sollen an dieser Stelle die aus der Charakterisierung der Schaltung gewonnenen Erkenntnisse in Thesenform zusammengefasst werden.

- Die Schaltung mit volldifferentiellem OPV funktionierte aus Stabilitätsgründen nicht. Ein volldifferentieller OPV als Eingangsverstärker ist für die aufgebaute Schaltung nicht notwendig, da nur ein Ausgang genutzt wird und die hohe Bandbreite des ausgewählten Modells (THS4509) aufbaubedingt nicht zum Tragen kommt. Aus diesem Grund wurde hier kein weiterer Aufwand zur Fehlersuche und Optimierung betrieben, um auch die Schaltung mit volldifferentiellem OPV funktionsfähig zu machen.

- Die Schaltung mit dem Eingangsdifferenzverstärker mit einfachem Ausgang (THS3001) funktioniert stabil unter den gegebenen Betriebsbedingungen.

- Die gemessenen Verstärkungsbandbreiten sind erwartungsgemäß um mindestens eine Größenordnung niedriger als in der Simulation. Dies ist bedingt durch den nicht Hochfrequenz-optimierten Aufbau mit vielen parasitären Kapazitäten. Um schon mittels Simulation genauere Vorhersagen für den Frequenzgang zu bekommen, hätten genauere Transistormodelle eingesetzt werden müssen.

- Die gemessenen Werte für die Gesamtverstärkung entsprechen den Werten aus der Simulation.

- Zum Betrieb der GaN-HEMTs in der Endstufe ist eine Kaskadenschaltung notwendig, da die HEMTs normally-on-Bauteile sind, die ohne Vorschaltung eines MOSFETs durch einen hohen ständig fließenden Ruhestrom einer starken Wärmebelastung ausgesetzt würden. Durch die Kaskadenschaltung entsteht insgesamt ein normally-off-Bauteil.

- Der Einsatz der Kaskadenschaltung hat weder in den Simulationen noch bei den Messungen einen negativen Einfluss auf die Schaltungseigenschaften wie Bandbreite und Verstärkung gezeitigt. Theoretisch ist dieser negative Einfluss aber sehr wohl zu erwarten, da durch Vorschalten eines Si-MOSFETs mit höherer Gate-Ladung und damit schlechterem dynamischen Verhalten sowohl Bandbreite als auch dynamisches Schaltverhalten der Kaskade insgesamt schlechter ausfallen sollten, als bei einzelnen GaN-Transistoren.

- Die isoliert betrachteten Endstufen zeigen das erwartete Verhalten in den drei untersuchten Betriebsarten. Insbesondere sichtbar sind die Übernahmeverzerrungen im Klasse B - Betrieb.

- Die Endstufen zeigen isoliert betrachtet um etwa eine Größenordnung größere Verstärkungsbandbreiten, was die These, dass in der Gesamtschaltung die Bandbreite durch parasitäre Effekte reduziert wird, unterstützt.

- Die Ebenbürtigkeit der Endstufe mit GaN-HEMTs/Si-MOSFETs in der Bandbreite trotz gemäß Auslegung erheblich höherer Spannungs- und Strombelastbarkeit der GaN-HEMTs zeigt das große Potential dieser Technologie.

- Insgesamt konnte das theoretisch und mit Simulationen vorhergesagte Verhalten der konzipierten Schaltung experimentell bestätigt werden. Dadurch wurde die Brauchbarkeit des Schaltungskonzepts zur Realisierung eines Hochvolt-Operationsverstärkers und die Richtigkeit der gemachten Annahmen nachgewiesen.

6 Zusammenfassung und Ausblick

6.1 Zusammenfassung

Im Rahmen dieser Studie wurde - nach der Betrachtung der theoretischen Grundlagen - der Stand der Technik im Bereich der (Hochleistungs-)Operationsverstärker ermittelt und zusammengefasst. Es zeigte sich, dass auf Si-Basis nur aufwendig konstruierte, teure hybride OPVs mit gleichzeitig gutem Hochfrequenzverhalten (hohe Bandbreite, hohe Anstiegsrate) und hoher Ausgangsspannung und hohem Ausgangsstrom verfügbar sind. Daher wurde in dieser Studie die komplexe Aufgabe gelöst, ausgehend von der Schaltung des Standard-OPVs μA741 schrittweise eine Schaltung aufzubauen, mit der sich relativ einfach und kostengünstig entweder rein mit Si-basierten Bauteilen oder auch unter Verwendung von GaN-FETs in der Endstufe Hochvolt- und Hochleistungs-OPVs realisieren lassen. Es wurde auch gezeigt, wie die Schaltung angepasst werden muss, um normally-off-GaN-HEMTs in der Endstufe einsetzen zu können.

Die Eignung von GaN-basierten Transistoren für den Aufbau eines Hochleistungs-Operationsverstärkers konnte sowohl in Simulationen als auch anhand der Charakterisierung der konzipierten Schaltung nach deren Aufbau auf einer Leiterplatte nachgewiesen werden. Die Messergebnisse bestätigten - neben dem Nachweis der grundsätzlichen Funktionstüchtigkeit der Schaltung als OPV - die durch die Simulationen vorhergesagten Werte für die Verstärkung, während die gemessenen Verstärkungsbandbreiten erwartungsgemäß aufgrund der parasitären Kapazitäten auf der Leiterplatte durchweg um mehr als eine Größenordnung unter den Werten aus den Simulationen lagen.

Während der Charakterisierung zeigte sich, dass die eingesetzten GaN-HEMTs, trotz ihrer Auslegung für Durchbruchsspannungen bis etwa 600 V und Ströme bis knapp unter 100 A, den Si-MOSFETs sowie den kommerziellen GaN-Transistoren, die nur bis 200 V belastbar sind, aufgrund ihrer geringen Gate-Ladung in den dynamischen Eigenschaften ebenbürtig sind. Allerdings stellte sich bei der Charakterisierung auch heraus, dass zum Betrieb der GaN-HEMTs in der Endstufe eine normally-off-Kaskade zum Schutz vor übermäßiger Erwärmung durch hohe Ruheströme eingesetzt werden muss, was aber keine negativen Effekte auf die Eigenschaften der Schaltung zur Folge hatte.

Mit dem im Rahmen dieser Studie erstellten Schaltungskonzept wurde eine experimentell verifizierte Grundlage für weitere Arbeiten geschaffen. Insbesondere wurde klar, dass für den Nachweis der Eigenschaften von GaN-HEMTs

- hohe Ausgangsspannung durch hohe Durchbruchsspannung
- hoher Ausgangsstrom
- hohe Bandbreite
- hohe Temperaturbelastbarkeit
- hohe Robustheit

die Realisierung als IC mit der Möglichkeit der Montage auf einer Wärmesenke zur optionalen Untersuchung der Schaltungseigenschaften bei hohen Betriebstemperaturen notwendig ist.

6.2 Ausblick

Möchte man die Untersuchungen zum Aufbau eines GaN-basierten OPVs fortsetzen, dann führt kein Weg am Aufbau einer integrierten Schaltung vorbei. In den achtziger und neunziger Jahren des vergangenen Jahrhunderts gab es bereits rege Forschungsanstrengungen zur Entwicklung von Operationsverstärkern mit GaAs-basierten Bipolartransistoren und JFETs, wie z.B. in den Veröffentlichungen [Fen94], [Hud93], [Sch87] und [Yi95] nachzulesen ist. Diese Forschungsaktivitäten führten allerdings zu keinen kommerziellen Produkten und wurden daher eingestellt, da die Vorteile von GaAs gegenüber Si, die vor allem in der höheren Effizienz und Bandbreite liegen, die erheblich höheren Kosten durch die teurere Technologie und die höheren Materialkosten für die anvisierten Anwendungen nicht aufwiegen konnten. Nichtsdestotrotz werden in den damaligen Veröffentlichungen Konzepte für rein GaAs-basierte OPV-Schaltungen mit ausschließlich n-Typ-Transistoren vorgestellt und deren Funktionalität auch ansatzweise experimentell nachgewiesen. Es wurde dabei der Schwerpunkt auf die Realisierung hocheffizienter und schneller OPVs gelegt. Da GaN-basierte OPVs zudem noch hohe Leistungen und hohe Robustheit bzgl. Temperatur und Spannungs- und Stromspitzen bieten würden und dadurch Si-basierten OPVs durch universelle Einsetzbarkeit überlegen wären und sie gleichzeitig eine hohe Leistungsfähigkeit durch Bestwerte in allen für OPVs relevanten Kenndaten aufweisen, erscheint der Aufbau eines GaN-basierten OPVs als integrierte Schaltung im Gegensatz zu den Versuchen von vor mehr als 20 Jahren erfolgversprechender hinsichtlich der Marktrelevanz.

Zum Aufbau eines GaN-basierten OPVs als integrierter Schaltkreis gibt es prinzipiell zwei Möglichkeiten:

1. Entwurf eines kompletten Operationsverstärkers auf Si-Basis bis auf die beiden Endstufentransistoren, anschließend epitaktisches Wachstum und Prozessierung der GaN-HEMTs auf dem Si-IC auf der dafür vorgesehenen und per Schattenmaske definierten Fläche

2. Aufbau der kompletten OPV-Schaltung aus GaN-HEMTs auf Si- oder SiC-Substrat

Die erste Möglichkeit dürfte technologisch sehr aufwendig sein und insbesondere die Einbeziehung von zwei Foundrys erfordern, da Si-Technologie und III/V-Halbleitertechnologie gewöhnlich nicht von der gleichen Foundry beherrscht werden. Außerdem stellt die Präparation eines bereits fertig prozessierten Chips zur epitaktischen und technologischen Weiterverarbeitung eine große technologische Herausforderung dar. Dazu kommt noch, dass mit dieser Variante mit hybridem Aufbau - wie im Schaltungskonzept in dieser Studie - zwei Versorgungsspannungen notwendig sind und die Schaltungsteile nicht gleichermaßen robust gegen Temperatur und Spannungs- / Stromspitzen wären. D.h. diese Vorteile von GaN-Transistoren könnten mit diesem Ansatz nach wie vor nicht demonstriert und ausgenutzt werden.

Daher stellt die zweite Variante die bessere und auch technologisch einfachere Lösung dar. Hier hat man die Wahl zwischen dem preisgünstigen und als große Wafer verfügbaren Substrat-Material Si mit schlechteren Wärmeleitungseigenschaften, SiC mit sehr guten Wärmeleitungseigenschaften aber hohem Preis oder Diamant mit den besten Wärmeleitungseigenschaften. Bei dieser Variante hat man allerdings das Problem, eine Schaltung entwickeln zu müssen, die ohne Transistoren vom p-Typ funktioniert. In den oben genannten Veröffentlichungen zu GaAs-basierten OPVs wurde häufig zur Umgehung von p-Typ-Transistoren auf Reihenschaltungen von Dioden als Pegelschieber zurückgegriffen. Da dies sicherlich keine optimale Lösung ist, besteht hier Potential zu Verbesserungen. Auch für die Lösung der normally-on-Problematik müsste bei dieser Variante eine andere Lösung gefunden werden, da - zumindest am Fraunhofer IAF, aber in den USA und Japan im Entwicklungsstadium - keine normally-off-GaN-HEMTs verfügbar sind. Dafür hätte man die Möglichkeit, durch Konzipierung einer geeigneten optimierten Schaltung mit richtig dimensionierten Bauelementen einen Hochleistungs-OPV auf kleinster Chip-Fläche zu realisieren, mit dem man - nach entsprechender Montage in einem geeigneten Gehäuse und auf einer Wärmesenke - alle Vorteile von GaN zeigen könnte. Zum Design einer solchen Schaltung wäre allerdings die Verwendung der detaillierten Bauteilmodelle unter Einbeziehung von Temperatureffekten nötig. Mit einer detaillierten Modellierung der Transistoren und eingehender Betrachtung der Hochfrequenzeigenschaften der Bauteile und der Gesamtschaltung und ihrer

Einbeziehung in das Design könnte das große Potential von GaN gegenüber Si voll ausgeschöpft werden. Dies wiederum würde die Verwendung von professioneller EDA-Software, wie z.B. ADS, verbunden mit der Notwendigkeit zur Einarbeitung erfordern.

6.3 Fazit

Insgesamt wurde in dieser Studie gezeigt, dass es möglich ist, mit GaN-basierten Transistoren eine Hochvolt-OPV-Schaltung aufzubauen. Es ist auch klar geworden, dass die besonderen Eigenschaften von GaN nur in der Endstufe richtig zum Tragen kommen, da die Funktionalität der restlichen Schaltung sehr gut mit Si-basierten Bauelementen dargestellt werden kann. Möchte man allerdings alle Vorteile von GaN demonstrieren, ist die Entwicklung einer monolithischen Schaltung als IC unabdingbar, wofür es die beiden oben beschriebenen Möglichkeiten gibt. Aufgrund der diversen Nachteile der hybriden Lösung ist dabei die rein aus GaN-basierten Bauteilen aufgebaute Schaltung zu favorisieren. Das potentielle Ergebnis wäre ein schneller Hochtemperatur-fähiger Hochleistungs-OPV, der die Funktionalität bestehender Anwendungen erweitern und vielleicht auch ganz neue Anwendungsfelder mit neuen Möglichkeiten eröffnen würde.

Abkürzungsverzeichnis

2DEG	Zweidimensionales Elektronengas
ADS	Advanced Design System (*EDA-Software von der Firma Agilent*)
AlN	Aluminiumnitrid
CFRP	Carbon Fibre Reinforced Plastic (Kohlefaserverstärkter Kunststoff)
CRPA	Controlled Reception Pattern Antenna (Antenne mit kontrolliertem Empfangsmuster)
CW	continuous wave (Dauerstrich)
DLR	Deutsches Zentrum für Luft- und Raumfahrt
EADS	European Aeronautic Defence and Space Company
EAGLE	Einfach Anzuwendender Graphischer Layout-Editor (*EDA-Software von der Firma CadSoft*)
EDA	Electronic Design Automation (Software-unterstütztes Design von elektronischen Schaltkreisen
eV	Elektronenvolt
FET	Field Effect Transistor (Feldeffekttransistor)
Fraunhofer FHR	Fraunhofer-Forschungsinstitut für Hochfrequenzphysik und Radartechnik
Fraunhofer IAF	Fraunhofer-Institut für angewandte Festkörperphysik
GaAs	Galliumarsenid
GaN	Galliumnitrid
GaSb	Galliumantimonid
GBP	Gain Bandwidth Product (Verstärkungs-Bandbreite-Produkt
HEMT	High Electron Mobility Transistor (Transistor mit hoher Elektronenbeweglichkeit)
HF	Hochfrequenz
IC	Integrated Circuit (Integrierter Schaltkreis)
InN	Indiumnitrid
InP	Indiumphosphid
JFET	Junction Field Effect Transistor
LabView	Laboratory Virtual Instrumentation Engineering Workbench (*Grafisches Programmiersystem von der Firma National Instruments*)
LED	Lichtemittierende Diode
MBE	Molecular Beam Epitaxy (Molekularstrahlepitaxie)
MOCVD	Metal-organic Chemical Vapour Deposition (Metallorganische chemische Gasphasenabscheidung)
MOSFET	Metal Oxide Semiconductor Field Effect Transistor
NF	Niederfrequenz
OPV	Operationsverstärker
QFN	Quad Flat No Leads (*spezielle Gehäuseart für elektronische Bauelemente*)
PCB	Printed Circuit Board (Leiterplatte)
PHEMT	Pseudomorpher HEMT
POA	Power Operational Amplifier (Leistungsoperationsverstärker)
QUCS	Quite Universal Circuit Simulator (*quellenfreie EDA-Software*)
SiC	Siliziumcarbid
SiGe	Silizium-Germanium
SOIC	Small Outline Integrated Circuit (*spezielle Gehäuseart für elektronische Bauelemente*)
SPICE	Simulation Program with Integrated Circuits Emphasis (*Programmiersprache zur Simulation von elektronischenn Schaltkreisen*)

Literaturverzeichnis

[Bäc02] W. Bächtold, O. Mildenberger, *Mikrowellenelektronik*. Vieweg+Teubner Verlag, Wiesbaden, 2002

[Ben10] F. Benkhelifa, D. Krausse, S. Müller, R. Quay, M. Mikulla, O. Ambacher, *AlGaN/GaN HEMTs for high voltage applications*, 5th Space Agency - MOD Round Table Workshop on GaN Component Technologies, ESAMOD 2010, Noordwijk, 2010

[Ber05] J. Berát, *Fabrication and Characterisation of AlGaN/GaN High Electron Mobility Transistors for Power Applications*, Dissertation, RWTH Aachen, 2005

[Bor71] W. Borlase, *An Introduction to Operational Amplifiers (Parts 1-3)*, Analog Devices Seminar Notes, 1971

[Czm72] G. Czmock, *Operationsverstärker*, Vogel-Verlag, Würzburg, 1972

[Doe02] C. Dörlemann, P. Muß, M. Schugt, R. Uhlenbrock, *New High Speed Current Controlled Amplifier For PZT Multilayer Stack Actuators*, Actuator 2002: 8th International Conference on New Actuators, Bremen, 2002

[Fed10] J.Federau, *Operationsverstärker*, Vieweg+Teubner, Wiesbaden, 2010

[Fen94] S. Feng, J. Sauerer, D. Seitzer, *High gain operational amplifier implemented in 0.5 μm GaAs E/D HEMT technology*, Electronics Letters, Vol. 30, No. 8, 1994, S. 636 f.

[Her12] E. Hering, J. Gutekunst, R. Martin, J. Kempkes, *Elektrotechnik und Elektronik für Maschinenbauer*, Springer-Verlag, 2. Auflage, Berlin, 2012

[Hud93] B. L. Hudson, *A Gallium Arsenide MESFET Operational Amplifier for use in composite Operational Amplifiers*, Thesis, Naval Postgraduate School, Monterey, 1993

[Ike10] N.Ikeda, Y. Niiyama, H. Kambayashi, Y. Sato, T. Nomura, S. Kato, S. Yoshida, *GaN Power Transistors on Si Substrates for Switching Applications*, Proceedings of the IEEE, Vol. 98, No. 7, 2010

[Jun02] W. G. Jung, *Kapitel 1 - History of OpAmp. In: Op Amp Applications Handbook*, Analog Devices Series, Newnes, 2002

[Kar12] M. Karpelson, G. Wei, R. J. Wood, *Driving high voltage piezoelectric actuators in microrobotic applications*, Sensors and Actuators A: Physical, Vol. 176, 2012, S. 78-89

[Kim10] M. Kim, Y. Choi, J. Lim, Y. Kim, O. Seok, M. Han, *High Breakdown Voltage AlGaN/GaN HEMTs Employing Recessed Gate Edge Structure*, CS MANTECH Conference 2010, S. 237 f.

[Kno13] P. Knott, C. Löcker, S. Algermissen, R. Sekora, *Vibration Control and Structure Integration of Antennas on Aircraft - Research in NATO SET-131*, akzeptiert für Publikation in: European Conference on Antennas and Propagation (EuCAP), Götheborg, 2013

[Loe12] C. Löcker, P. Knott, R. Sekora, S. Algermissen, *Antenna Design for a Conformal Antenna Array Demonstrator*, European Conference on Antennas and Propagation (EuCAP), Prag, 2012

[Mie13] D. Mietke, *Vom Elektron zur Elektronik - Nachrichten- und Gerätetechnik*, `http://www.elektroniktutor.de/index.html` (abgerufen am 19.01.2013), Berlin, 2013

[Mey91] H. Meyer, *Leistungs-Operationsverstärker und ihre Anwendung*, Pflaum-Verlag, München, 1991

[Nom10] K. Nomoto, K. Hasegawa, T. Nakamura, *High-temperature operation of GaN-based OPAMP on silicon substrate*, Phys. Status Solidi C 7, No. 7?8, 2010, S. 1952-1954

[Nut08] K. M. Nutheti, V. S. Chippalakatti, S. Prakash, *Design and development of high voltage high power operational amplifier using thick film technology*, Sādhanā Vol. 33, Part 5, 2008, S. 713-720

[Ose07] R. Ose, *Elektrotechnik für Ingenieure*, Hanser, München, 2007

[Rei12] R. Reiner, P. Waltereit, F. Benkhelifa, S. Müller, H. Walcher, S. Wagner, R. Quay, M. Schlechtweg, O. Ambacher, *Fractal Structures for Low-Resistance Large Area AlGaN/GaN Power Transistors*, ISPSD 2012 - 24th IEEE International Symposium on Power Semiconductor Devices and ICs, Brügge, 2012

[Sch87] N. Scheinberg, *High-Speed GaAs Operational Amplifier*, IEEE Journal of Solid-State Circuits, Vol. SC-22, No. 4, 1987, S. 522 f.

[Sch01] N. Schugt, J. Melbert, C. Hoffmann, *Neue Leistungsmerkmale für Einspritzsysteme durch Piezoantrieb*, 10. Int. Tagung „Elektronik im Kraftfahrzeug", Baden-Baden, 2001

[Sch03] F. Schwierz, O.Ambacher, *Recent Advances in GaN HEMT Development*, Technische Universität Ilmenau, Institut für Festkörperelektronik, PF 100565, Ilmenau, 2003

[Sel09] D. Self, *Audio power amplifier design handbook*, Focal Press, 5. Auflage, Burlington, 2009

[Sie12] R. Siemieniec, G. Nöbauer, D. Domes, *Stability and Performance Analysis of a SiC-based Cascode Switch and an Alternative Solution*, Microelectronics Reliability, Volume 52, issue 3, 2012

[TiS02] U. Tietze, Ch. Schenk, *Halbleiter-Schaltungstechnik*, Springer-Verlag, 12. Auflage, Berlin, 2002

[Ues09] T. Uesugi, T. Kachi, *GaN Power Switching Devices for Automotive Applications*, CS MANTECH Conference, 2009

[Qua08] R. Quay, *Gallium Nitride Electronics*, Springer-Verlag, Berlin, 2008

[Wal12] P. Waltereit, W. Bronner, R. Quay, M. Dammann, M. Cäsar, S. Müller, R. Reiner, P. Brückner, R. Kiefer, F. van Raay, J. Kühn, M. Musser, C. Haupt, M. Mikulla, O. Ambacher, *Is GaN the ideal material for space?*, ESA Microwave Technology and Techniques Workshop 2012, ESA/ESTEC, Noordwijk, 2012

[Wan06] Q. Wang, *Piezoaktoren für Anwendungen im Kraftfahrzeug, Messtechnik und Modellierung*, Dissertation, Ruhr-Universität Bochum, 2006

[Wir84] S. Wirsum, *Leistungsoperationsverstärker*, Franzis-Verlag, München, 1984

[Yi95] D. Yi, Z. Qingming, C. Keli, Zh. Keqiang, *Integrated AlGaAs/GaAs HBT High Slew-Rate and Wide Band Operational Amplifier*, IEEE Journal Of Solid-State Circuits, Vol. 30, No. 10, 1995, S. 1131 f.

[Zha02] N. Zhang, *High voltage GaN HEMTs with low on-resistance for switching applications*, Dissertation, University of California at Santa Barbara, 2002

Abbildungsverzeichnis

Tabellenverzeichnis

Autorenprofil

Roland Krebs wurde 1976 in Aschaffenburg geboren. Nach dem Studium und der Promotion in Physik mit dem Schwerpunkt Halbleiterphysik und -technologie an der Universität Würzburg, war der Autor in verschiedenen Positionen als Manager für Forschungs- und Technologieprojekte im Bereich der Hochfrequenztechnik tätig. Im Laufe dieser beruflichen Tätigkeit ist ein besonderes Interesse an der Hochfrequenztechnik und insbesondere an der Galliumnitrid-Technologie entstanden, auf der heutzutage viele Halbleiterbauteile der Hochfrequenztechnik basieren. Aufgrund dieses persönlichen Interesses und zur berufsbegleitenden Weiterbildung nahm der Autor ein Studium an der FernUniversität Hagen im Fach Elektrotechnik auf. Im Rahmen dieses Studiums und basierend auf den vorhandenen akademischen und beruflichen Kenntnissen ist die vorliegende Studie entstanden.